U0219973

高等职业教育生物技术类专业教材

生物分离技术

主 编

李存法

中国轻工业出版社

图书在版编目(CIP)数据

生物分离技术/李存法主编 . —北京:中国轻工
业出版社,2020. 7
ISBN 978-7-5184-2944-8

Ⅰ.①生… Ⅱ.①李… Ⅲ.①生物工程—分离—高等
职业教育—教材 Ⅳ.①Q81

中国版本图书馆 CIP 数据核字(2020)第 050256 号

责任编辑:江 娟 王 韧
策划编辑:江 娟 责任终审:劳国强 封面设计:锋尚设计
版式设计:砚祥志远 责任校对:吴大鹏 责任监印:张 可

出版发行:中国轻工业出版社(北京东长安街 6 号,邮编:100740)
印 刷:三河市国英印务有限公司
经 销:各地新华书店
版 次:2020 年 7 月第 1 版第 1 次印刷
开 本:720 × 1000 1/16 印张:12.25
字 数:230 千字
书 号:ISBN 978-7-5184-2944-8 定价:44.00 元
邮购电话:010 – 65241695
发行电话:010 – 85119835 传真:85113293
网 址:http://www.chlip.com.cn
Email:club@chlip.com.cn
如发现图书残缺请与我社邮购联系调换
151349J2X101ZBW

前　言

生物分离技术在生物、食品及制药等相关领域应用广泛。"生物分离技术"课程要求学生掌握生物分离的基本原理和实际操作技能，注重理论与实际的结合，是生物技术以及生物制药、食品加工技术等相关专业的核心课程之一。近年来，国内外生物分离技术发展迅猛，新理论、新技术和新工艺不断涌现，迫切需要适合于高职院校技能型人才培养以及行业发展的新教材。

本书按照国家高等职业教育培养高素质技能型人才目标和出版社教材编写要求，围绕就业岗位需要，对教材内容进行系统化设计，与职业标准要求相对接。内容涉及预处理技术、萃取技术、固相析出技术、吸附分离技术、层析技术、膜分离技术和干燥技术等。

本书由李存法担任主编，张晓峰、杨晶担任副主编，马辉、王海花、左利杰、吕慧芳、余海尤、张震参与编写，编者均有一定的生产实践经验。教材编写融入职业教育理念与思路，聘请一线生产专家对内容进行了研讨，参考同行及专家的相关文献与资料，确保了教材内容与实际生产情况接轨。教材编写过程中得到中国轻工业出版社大力支持；边传周教授以严谨的治学态度仔细审阅了书稿，并提出了许多非常宝贵的指导性意见。在此，编者表示衷心的感谢。

由于编者水平有限，教材内容难免有疏漏和不当之处，恳请各位专家、学校师生及广大读者批评指正。

编者

2020 年 7 月

目 录 CONTENTS

绪论

生物分离技术是指从动植物细胞、微生物代谢产物和酶反应产物等生物物料中分离、纯化目的组分的技术。生物产品分离纯化过程大致分为预处理、初步分离（提取）、精制（纯化）和成品加工等单元。

生物分离技术是指从动植物细胞、微生物代谢产物和酶反应产物等生物物料中分离、纯化目的组分的技术，也常称为生物工程下游技术。这些生物物料可以是动植物体及其组织培养物、微生物的发酵液，也可以是酶催化反应产物等。进入21世纪以来，生命科学、生物技术以及化工分离科学、材料科学等相关学科的发展，极大地推动了生物分离技术的进步，同时生物分离过程研究也逐渐被人们所重视。

生物分离纯化目的在于从生物材料中分离并纯化出符合质量要求的各种生物产品。生物物料的组成是复杂多样的，包括微生物细胞、菌体、代谢产物、未耗用的培养基以及各种降解产物等。其中，生物活性物质的浓度通常很低（例如，抗生素含量为 $10 \sim 30 kg/m^3$、酶含量为 $2 \sim 5 kg/m^3$、维生素 B_{12} 含量仅为 $0.12 kg/m^3$），而杂质含量却很高，并且某些杂质又和目的物具有非常相似的化学结构和理化性质，加上生物活性物质通常很不稳定，遇热或某些化学试剂会引起失活或分解，某些产品还要求无菌操作，因此，生物产品的分离纯化过程一般比较复杂。许多生物产品的质量与分离纯化技术水平直接相关，分离纯化过程所需的费用占产品总成本的比例很大。按产品不同，对抗生素生产而言，分离纯化部分的费用约为发酵部分的 4 倍；对有机酸或氨基酸生产而言，则为 1.5 倍；对基因工程药物，分离纯化技术的要求更高，如重组蛋白质精制的费用可占整个生产费用的 80% ~ 90%，甚至更多。因而生物分离技术研究越来越受到重视。

对于某一具体产品而言，生物分离技术通常是由一系列的分离纯化单元操作组成，如过滤技术、离心技术、细胞破碎技术、萃取技术、层析技术、膜分离技术、干燥技术等。各个单元操作具有各自的特点，只有对这些单元操作技术进行合理整合，才能形成一套比较科学、完善的分离纯化工艺。

项目一　生物物料的来源

生物分离对象众多，生物物料的来源非常广泛。生物物料可以从天然生物材料中提取，通过微生物发酵生产或酶促反应转化等途径而得到。生物物料包括动物、植物、组织、器官、细胞及微生物的代谢产物。

一、动物

早期的生化药物大多数都来自动物的脏器。动物来源的生化原料药物现已有 160 种左右，主要来自于猪，其次来自于牛、羊、家禽等。

从脑组织中可获得脑磷脂、卵磷脂、胆固醇、大脑组织液、脑酶解液、神经节苷脂、催眠多肽、吗啡样因子、维生素 D_3、脑蛋白水解物等。脑垂体是重要的内分泌腺体，能分泌多种激素，是生化制药的极好原料，可提取促肾上腺皮质激素（ACTH）、催乳素、生长激素、促甲状腺素、促性腺激素、中叶素、缩宫素、加压素等。

利用肝脏为原料可获得 RNA、iRNA、SOD、肝细胞生长因子、过氧化氢酶、含铜肽、造血因子，抑肽酶及各种肝制剂等。利用心脏为原料可提取制备的药物包括细胞色素 C、辅酶 A、冠心舒、心血通注射液等。

胰脏含有的酶类最丰富，是动物体中的"酶库"。有胰岛素、胰高血糖素、胰凝乳蛋白酶、胰蛋白酶、胰脱氧核糖核酸酶、胰脂酶、核糖核酸酶、胶原酶、增压素水解酶、弹性蛋白酶、胆碱脂酶、血管舒缓素等。

以血液为原料可获得水解蛋白及多种氨基酸、纤溶酶、SOD、凝血酶、血红蛋白、血红素、原卟啉、血卟啉、纤维蛋白等。从胆汁中可获得去氧胆酸、胆酸、鹅去氧胆酸、熊去氧胆酸、胆红素等。

其他还有如脾脏、胃肠及黏膜、胸腺、肾、肾上腺、甲状腺、松果体、扁桃体、睾丸、胎盘、羊精囊、骨及气管软骨、眼球、鸡冠、毛及羽毛、牛羊角、蹄壳、鸡冠、蛋壳等均是生化制药的原料。尿液和人胎盘等也是重要的原料，经提取、分离、纯化制成的各种制剂，是人类疾病不可缺少的特殊治疗药物。

随着动物养殖业的兴旺和迅速发展，对兔、鹿、禽类等的下脚料或副产物，养殖的蝎子、蚂蚁等生物资源的利用不断增加。此外，蜂王浆、蜂毒、蛇毒、蜘蛛毒等也同样是生化制药的良好原料。

二、植物

药用植物品种繁多，尤其我国的中草药资源极为丰富，而且又有上千年的应用中草药治疗疾病的历史。不过，长期以来由于受到分离技术的限制，在研究有效成分时，往往把大分子物质当杂质除去。随着分离技术的应用，从植物资源中寻找大分子有效物质已逐渐引起重视，分离出的品种也不断增加，如相思豆蛋白、菠萝蛋白酶、木瓜蛋白酶、木瓜凝乳蛋白酶、无花果蛋白酶、苦瓜胰岛素、前列腺素、伴刀豆球蛋白、人参多糖、刺五加多糖、黄芪多糖、天麻多糖、红花多糖、茶叶多糖等。

三、微生物

微生物资源非常丰富，种类繁多，包括细菌、放线菌，真菌等。它们的生理结构和功能较简单，可变异、易控制和掌握、生长期短、能够实现工业化生产，是生化制药重要的资源。现已知微生物的代谢产物超过 1000 多种，微生物酶也近1300 种，开发的潜力很大。利用细菌发酵生产多种氨基酸、维生素、酶类、糖类等。

酵母菌是核酸工业的重要原料，含较高的 RNA、DNA，可制备分离核酸铜、核酸铁、核酸锰、腺苷、鸟苷、次黄嘌呤核苷、胞苷酸、腺苷酸、尿苷核糖等。

自然界尚未被人类认识或发现的物种还有很多，有待人们去发现、开发与利用。地球表面 3/4 是海洋，有 20 多万种生物生存在海洋里，统称其为海洋生物。目前已经从海洋生物中提取出许多具有抗炎、抗感染、抗肿瘤等作用的生物活性物质。应用基因重组技术构建"工程菌""工程细胞"，可形成新生物资源库，特别对那些很难从天然生物材料中提取分离出来的微量活性成分，可以利用"工程菌"或"工程细胞"为原料制备、分离各种生化药物。

◀ 项目二 生物分离工艺流程

由于生物原料广泛、产品种类众多、性质多样、用途各异，因而分离、提取、精制的方法、技术工艺路线也是多种多样的。如果按生产过程划分，生物产品分离纯化过程大致可以分为 4 个阶段，即预处理、初步分离（提取）、精制（纯化）和成品加工。以微生物发酵液分离纯化为例，具体流程如图 1-1 所示。

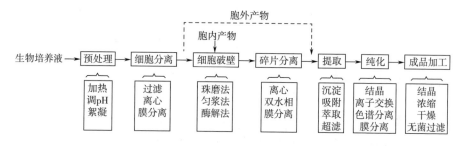

图 1-1 生物分离一般流程

生物物料不论来源如何，几乎都是混合物，通常都要经分离纯化处理才能获得终产品，生物物料的来源和性质差异很大，但也存在着一些共同特点：一是目标产物浓度低。培养液中大部分是水，产物浓度较低。初级代谢产物浓度较高，如酒精为 7%～12%，有机酸为 4%～10%；而次级代谢产物浓度很低，如抗生素为 1%～5%，酶为 0.2%～0.5%。二是杂质多，组分复杂。除目的产物之外，还有性质类似的多种副产物和杂质，如细胞、细胞碎片、蛋白质、核酸、脂类、糖类、无机盐等。三是目的产物不稳定。生物活性大分子可能由于不恰当的物理和化学环境（温度、pH、缓冲液、离子强度、有机溶剂、搅拌剪切等），引起分子结构改变而失活。在选择分离方法时，要求操作条件温和，并且应该尽快分离处理。另外，许多生物产品是医药、生物试剂等精细产品，必须达到药典、试剂标准和规范的要求，对最终产品的质量要求很高。由于生物分离技术的复杂性，需要综合多种分离和纯化手段，才能制得符合使用要求的产品。

生物分离与纯化过程中涉及的单元操作很多，其中萃取、离心分离、过滤、沉淀、层析、膜分离、结晶、干燥等，都属于常见的基本单元操作。预处理可以除去发酵液中的不溶性固体杂质和菌体细胞，主要技术有过滤和离心。过滤和离心相比，无论是投资费用还是运转费用，前者都要少得多，因而首选应该是过滤。但因发酵液中的不溶性固形物和菌体细胞均是柔性体，细胞个体很小，特别是细菌，简单过滤时形成的滤饼均是高度可压缩性的，所以造成过滤困难。絮凝方法、助滤剂和合适的过滤设备是技术关键。初步分离的目的是除去与产物性质差异较大的杂质，为产物的精制纯化创造有利条件。如果产物在细胞内，收集和洗涤菌体后还要进行细胞的破碎和细胞碎片的分离。精制的目的是进一步除去与产物的物化性质比较接近的杂质，通常采用对产物有高度选择性的技术，如色谱层析技术。经过初步纯化后，如果仍需进一步纯化，最好是选择机理不同的另一种纯化操作，具体到某一生物产品分离纯化工艺，主要考虑产品的使用形态和质量要求、提取过程的物耗和能耗、产品的收率和成本、废物排放等因素，这需要在长期的实践中不断改进提高。

分离纯化操作步骤多，则不易获得高收率。假如一个产品包含 6 步分离纯化操作，若每步操作都较完善、收率达到 90%，总收率也只有 53%，因此，尽量减少操作步骤是很重要的。分离纯化工艺的选择和操作要注意保持目的组分的生物活性，要尽量做到操作条件温和（温度低、pH 适中等）、时间短、勤清洁（包括厂房、设备、管路，特别注意死角），选择的操作条件和试剂不会造成有毒、有害物质超标等。

项目三　生物分离技术的发展趋势

随着生物技术产业的迅猛发展，新的分离纯化方法不断涌现，同时解决了许多生产实际问题。例如，酒精多效蒸馏技术工业应用的成功，大幅度降低了酒精蒸馏的能量消耗，并为进一步提高酒精质量打下了技术基础。产品的竞争最终归结于成本和质量的竞争。努力降低生产成本和提高产品质量是生物分离纯化技术未来发展的方向，对分离纯化技术提出了新的需求。生物分离纯化技术的发展方向主要体现在以下几个方面。

一、传统分离技术的完善与提高

蒸馏、蒸发、过滤、离心、结晶和离子交换等传统技术有广泛的应用且相对成熟，对传统分离技术进行提高和完善将大范围地推动技术进步。比如，计算机控制技术和分离纯化技术结合，各种新型高效的过滤机械和离心机械的问世，使分离纯化技术水平大大提高，最终提高了产品的收率、质量和生产效率。

各种分离纯化技术相互结合、交叉、渗透，可形成新的分离技术。例如，膜技术和萃取、蒸馏、蒸发技术相结合形成了膜萃取技术、膜蒸馏及渗透蒸发技术；色谱技术和离子交换技术等结合形成离子交换色谱、等电聚焦色谱等。它们具有高度的选择性和分离效率。此外，膜分离与亲和配基相结合，形成了亲和膜分离，离心分离与膜分离相结合，形成了膜离心分离等，这类技术具有选择性好、分离效率高、节约能耗等优点，是今后主要的发展方向。

二、生物分离技术的创新发展

膜、树脂和凝胶是目前主要的分离介质。分离介质的性能对提高分离效率起到关键的作用。随着膜质量的改进和膜装置性能的改善，在生物分离纯化操作过程中将会越来越多地使用膜分离技术。从半渗透膜开始，膜技术已经逐步发展成一个庞大的膜家族，其中膜材料和膜制造工艺是技术关键。膜分离技术具有选择性好、分离效率高、节约能耗等优点，是未来发展方向之一。

离子交换树脂和大孔吸附树脂是一大类重要的分离介质，在工业分离上已占有重要地位，应用也日趋广泛。琼脂糖凝胶作为载体，可与不同配基结合后制成各种层析分离介质。工业生产中，介质的机械强度是工艺设计时要考虑的重要因素。层析分离使用的天然糖类凝胶强度较弱，在大规模生产应用中还有一定的难度。因此，研制高强度的新型、高效分离介质是生物分离纯化工艺改进的热点之一。

生物分离技术创新发展是一个永恒的主题。比如，由溶剂萃取技术衍生出一大批生物分离技术，如双水相萃取、超临界 CO_2 萃取、反胶团萃取等。生物分离技术发展需要综合运用化学、工程、生物、数学、计算机等多学科的知识和工具，才能取得突破。

【思考题】

1. 简述生物物料的特性及生物分离过程特点。
2. 简述生物分离一般工艺流程。
3. 简述生物分离技术的发展趋势。

模块一

预处理技术

知识要点

预处理的主要目的是通过改变所含目的产物料液的性质，去除杂质，以利于后续分离纯化操作。预处理技术主要有凝聚和絮凝技术、固液分离技术、细胞破碎技术等。

项目一 概述

生物分离的原料主要来源于生物反应过程。动、植物细胞和微生物的代谢产物是提取生物活性物质的最重要来源。生物分离纯化的第一个必要步骤就是以含有目的物的生物原料为出发点，设法将细胞（菌体）富集或除去，使所需的目标产物转至液相中，并以含目的产物的液相为出发点进行一系列的提取和精制操作。通常生物料液成分极为复杂，其中存在大量的微生物菌体细胞、细胞碎片、培养基残渣、各种蛋白质胶状物、色素以及各种代谢产物等。目的物无论存在于细胞内或细胞外，通常浓度很低，杂质的存在会影响后续对目的物的有效纯化，如溶液黏度太大会影响离心或过滤，产生膜污染；高价无机离子和杂蛋白降低离子交换的吸附能力，萃取时乳化现象严重等，因此必须对料液进行预处理，除去部分杂质并改变料液的性质（pH、黏度等），使后续分离纯化能顺利进行。

生物材料预处理因原料不同，处理方法也不尽相同。

（1）动物组织和器官要先除去结缔组织、脂肪等非活性部分，然后绞碎，选择适当的溶剂形成细胞悬液。

（2）植物组织和器官要先去壳、除脂，再粉碎，选择适当的溶剂形成细胞悬液。

（3）发酵液、细胞培养液、组织分泌液等则根据目标产物所处位置不同进行相应处理。

预处理的目的主要是通过改变所含目的产物料液的物理性质，去除料液中的菌体和其他悬浮颗粒，以利于后续分离纯化操作。根据目的物在生物原材料中存在的部位和稳定性及杂质的类型、性质和对后续工序的影响，预处理可采用不同的技术，如凝聚和絮凝技术、固液分离技术等。

项目二　凝聚与絮凝技术

凝聚和絮凝技术能有效改变细胞、菌体、蛋白质等胶体粒子的分散状态，使其聚集起来降低黏度，以便于固液分离，常用于细胞（菌体）细小而且黏度大的生物料液的预处理。

一、凝聚技术

凝聚作用是指在某些电解质作用下，由于胶粒之间双电层电排斥作用降低，电位下降，而使胶体粒子聚集的过程。这些电解质称为凝聚剂。

发酵液中的细胞、菌体或蛋白质等胶体粒子的表面一般都带有电荷，带电的原因很多，主要是吸附溶液中的离子或自身基团的电离。通常发酵液中细胞或菌体带有负电荷，由于静电引力的作用使溶液中带相反电荷的粒子（即阳离子）被吸附在其周围，在界面上形成了双电层，如图 2 – 1 所示。当分子热运动使粒子间距离缩小到使它们的扩散层部分重叠时，即产生电排斥作用，使两个粒子分开，

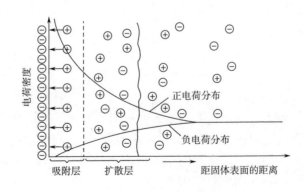

图 2 – 1　胶体双电层结构

从而阻止了粒子的聚集。双电层电位越大，电排斥作用就越强，胶粒的分散程度也越大，发酵液越难过滤。胶粒能稳定存在的另一个原因是其表面的水化作用，使粒子周围形成水化层，阻碍了胶粒间的直接聚集。

如果向料液中加入具有相反电荷的电解质，就能中和胶粒的电性，使胶粒之间双电层电位下降或者使胶体表面水化层破坏或变薄，导致胶体颗粒间的排斥作用降低，吸引作用加强，破坏胶体系统的分散状态，导致颗粒凝聚。

影响凝聚作用的主要因素是无机盐的种类、化合价及无机盐用量等。电解质凝聚能力可用凝聚值来表示，使胶粒发生凝聚作用的最小电解质浓度（mmol/L）称为凝聚值。根据 Schuze – Hardy 法则，阳离子的价数越高，该值就越小，即凝聚能力越强。阳离子对带负电荷的发酵液胶体粒子凝聚能力的次序为：$Al^{3+} > Fe^{3+} > H^+ > Ca^{2+} > Mg^{2+} > K^+ > Na^+ > Li^+$。常用的凝聚剂有 $AlCl_3 \cdot 6H_2O$、$Al_2(SO_4)_3 \cdot 18H_2O$、$K_2SO_4 \cdot Al_2(SO_4)_3 \cdot 24H_2O$、$FeSO_4 \cdot 7H_2O$、$FeCl_3 \cdot 6H_2O$、$ZnSO_4$ 和 $MgCO_3$ 等。

二、絮凝技术

絮凝作用是指在某些高分子化合物的存在下，通过架桥作用将许多微粒聚集在一起，形成粗大的松散絮团的过程。所利用的高分子化合物称为絮凝剂。作为絮凝剂的高分子化合物一般具有长链状结构，易溶于水，其相对分子质量可高达数万至一千万以上。实现絮凝作用关键在于其链节上的多个活性官能团，包括带电荷的阴离子（如，—COOH）或阳离子（如，—NH_2）基团以及不带电荷的非离子型基团。絮凝剂的功能团能强烈地吸附在胶粒的表面上，而且一个高分子聚合物的许多链节分别吸附在不同颗粒的表面上，因而产生架桥连接，就形成了较大的絮凝团。高分子聚合物絮凝剂在胶粒表面的吸附机理是基于各种物理化学作用，如静电引力、范德华力或氢键作用等，如图 2 – 2 所示。

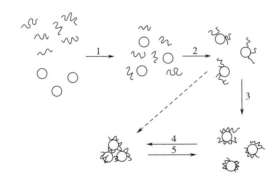

图 2 – 2　絮凝剂的混合、吸附和絮凝作用示意图

（虚线代表聚合物分子吸附在粒子表面直接形成絮团）

1—聚合物分子在液相中分散，均匀分布在离子之间　2—聚合物分子链在粒子表面的吸附

3—被吸附链重排，最后达到平衡构象　4—脱稳粒子互相碰撞，架桥形成絮团

5—絮团的打碎

（一）絮凝剂的种类

根据絮凝剂所带电性的不同，分为阴离子型、阳离子型和非离子型3类。对于带有负电性的微粒，加入阳离子型絮凝剂，具有降低离子排斥电位和产生吸附架桥作用的双重机制；而非离子型和阳离子型絮凝剂，主要通过分子间引力和氢键等作用产生吸附架桥。

工业上使用的絮凝剂按组成不同又可分为无机絮凝剂、有机絮凝剂和生物絮凝剂。

无机絮凝剂主要为聚合铝盐、聚合铁盐等。有机絮凝剂主要为人工合成的高分子聚合物，如二甲基二烯丙基氯化铵与丙烯酰胺的共聚物或均聚物、聚二烯基咪唑啉、聚丙烯酸类衍生物、聚苯乙烯类衍生物、聚丙烯酰胺类衍生物等。聚丙烯酰胺类衍生物具有絮凝体粗大、分离效果好、速度快、用量少等优点，因而得到广泛应用。但是需要注意的是，这类絮凝剂具有一定毒性，不能用于药品、食品生产；而聚丙烯酸类衍生物阴离子型絮凝剂无毒，可用于食品和医药工业。另外还有些天然有机高分子絮凝剂，如聚糖类胶黏物、海藻酸钠、明胶、骨胶、壳多糖等。

生物絮凝剂是一类由微生物产生的具有絮凝能力的生物大分子，主要有蛋白质、黏多糖、纤维素和核酸等。这类絮凝剂具有高效、无毒、无二次污染等特点，克服了无机絮凝剂和人工合成有机高分子絮凝剂本身固有的缺陷，其发展潜力越来越受到重视。

（二）影响絮凝作用的主要因素

1. 高分子絮凝剂的性质和结构

线性结构的有机高分子絮凝剂，其絮凝作用大，而成环状或支链结构的有机高分子絮凝剂的效果较差。絮凝剂的分子质量越大、线性分子链越长，絮凝效果越好；但分子质量增大，絮凝剂在水中的溶解度降低，因此要选择适宜分子质量的絮凝剂。

2. 絮凝操作温度

当温度升高时，絮凝速度加快，形成的絮凝颗粒细小。因此絮凝操作温度要合适，一般为20~30℃。

3. pH

溶液pH的变化会影响离子型絮凝剂的电离度，从而影响分子链的伸展形态。电离度增大，链节上相邻离子基团间的静电排斥作用增强，而使分子链从卷曲状态变为伸展状态，所以架桥能力提高。

4. 搅拌速度和时间

适当的搅拌速度和时间对絮凝是有利的。一般情况下，搅拌速度为40~80r/min，不要超过 100r/min；搅拌时间以 2~4min 为宜，不超过 5min。

5. 絮凝剂的加入量

当絮凝剂浓度较低时，增加用量有助于架桥作用，絮凝效果提高；但是用量过多反而会引起吸附饱和，在胶粒表面上形成覆盖层而失去与其他胶粒架桥的作用，造成胶粒再次稳定的现象，絮凝效果反而降低。因此，絮凝剂的最适添加量往往要通过实验方法确定。

（三）混凝

对于带负电性菌体或蛋白质来说，阳离子型高分子絮凝剂同时具有降低粒子排斥电位和产生吸附架桥的双重机理，所以可以单独使用。对于非离子型和阴离子型高分子絮凝剂，则主要通过分子间引力和氢键作用产生吸附架桥，它们常与无机电解质凝聚剂搭配使用。首先加入无机电解质，使悬浮粒子间的相互排斥能降低，脱稳而凝聚成微粒，然后再加入絮凝剂。无机电解质的凝聚作用为高分子絮凝剂的架桥创造了良好的条件，从而提高了絮凝效果。这种包括凝聚和絮凝的过程，称为混凝。

项目三 固液分离技术

固液分离是将固液多相混合体系中固体（细胞、菌体、细胞碎片及沉淀或结晶等）与液体分离开来的技术。固液分离的目的包括两个方面：一是收集产物在胞内的细胞（菌体）或目的物沉淀，去除液相；二是收集含有目的物的液相，去除固相。固液分离主要包括过滤和离心两类单元操作技术。固液分离的效果取决于原材料料液的理化性质及固液分离方法的选择。一般说来，细菌、酵母等微粒选用离心分离效果较好，而对于丝状真菌等稍大微粒采用过滤分离较好且比较经济。

一、过滤技术

过滤技术是以多孔性物质作为过滤介质，在外力（重力、真空度、压力或离心力等）作用下，流体及小颗粒固体通过介质孔道，而大固体颗粒被截留，从而实现流体与颗粒分离的技术。流体既可以是液体也可以是气体，因此，过滤既可以分离连续相为液体的非均相混合物，也可以分离连续相为气体的非均相混合物。过滤分为传统过滤和膜过滤。传统过滤在固液悬浮液的分离中应用更多，在此重点阐述，膜过滤将在后面章节详细讨论。

1. 过滤的分类

根据过滤机理的不同，过滤操作可分为深层过滤和滤饼过滤，如图 2-3 所示。

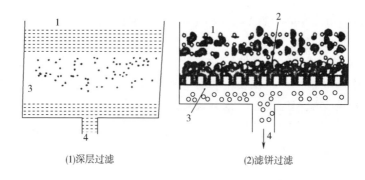

(1)深层过滤　　　　　　　　　(2)滤饼过滤

图 2 - 3　深层过滤和滤饼过滤机理
1—混悬液　2—滤饼　3—过滤介质　4—滤液

（1）深层过滤　深层过滤是用较厚的颗粒状床层做成过滤介质进行过滤的一种方式，所用的过滤介质为硅藻土、砂粒、颗粒活性炭、玻璃珠、塑料颗粒等。当悬浮液通过滤层时，固体颗粒被阻拦或吸附在滤层的颗粒上，使滤液得以澄清，所以深层过滤又称澄清过滤。在深层过滤中，过滤介质起着主要的过滤作用。此种方法适合于固体含量少于 $0.1g/100mL$、颗粒直径在 $5 \sim 100\mu m$ 的悬浮液的过滤分离，如自来水、麦芽汁、酒类和饮料等的澄清。

（2）滤饼过滤　悬浮液通过滤布时，固体颗粒被滤布阻拦而逐渐形成滤饼，当滤饼增至一定厚度时即起过滤作用，这种方法称为滤饼过滤或滤渣过滤。在滤饼过滤中，悬浮液本身形成的滤饼起着主要的过滤作用。此种方法适合于固体含量大于 $0.1g/100mL$ 的悬浮液的过滤分离。

按照过滤过程的推动力不同，过滤过程可分为重力过滤、加压过滤、真空过滤、离心过滤。重力过滤就是利用混悬液自身重力作为过滤所需的推动力，效率较低，但设备成本和能耗也低。加压过滤一般通过气压或者泵推动液体前进，加压过滤一般来说对设备的密闭性要求较高，是最常见的过滤方式；真空过滤一般是在样品液的反向端进行抽真空，造成负压，形成压差，密闭性要求高，成本也高，适用于一些具备有放射性、腐蚀性、致病性较强的样品过滤，如实验室常用布氏漏斗进行抽滤；离心过滤是利用离心机旋转形成的离心力作为料液的推动力，离心机能产生强大的离心力，因此过滤速度较快，但仪器设备自动化要求较高、结构复杂、成本较高，如实验室常用到微型超滤离心管进行离心过滤。

另外，依据过滤过程操作方式不同，过滤还可以分为间歇式过滤和连续式过滤。

2. 过滤设备

（1）板框过滤机　板框过滤机是加压过滤机的代表，在各个领域中广泛应用，板框过滤机主要部分为许多交替排列的滤板与滤框，滤板两面铺有滤布，板和框共同支承在两侧的架上并可在架上滑动，并用一端的压紧装置将它们压紧，使全部滤板和滤框组成一系列密封的滤室（图 2 - 4）。

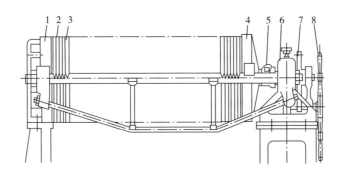

图 2 - 4 板框压滤机简图

1—固定端板 2—滤板 3—滤框 4—活动端板 5—活动接头
6—支承 7—传动齿轮 8—手轮

　　滤板和滤框通常为正方形，也有圆形的（大多用于小型设备）。圆形板框过滤机的优点是在过滤面积相等的情况下，密封周边最短，因而所需压紧力最小，但在同样过滤面积时其外廓尺寸较大。滤板和滤框的工作情况见图 2 - 5，板与框的角上有孔，当板框重叠时即形成进料、进洗涤液或排料、排洗涤液的通道。操作时物料自滤框上角孔道流入滤框中，通过滤布沿板上的沟渠自下端小孔排出。框内形成滤饼，滤饼装满后，放松活动端板，移动板框将滤饼除去，洗净滤布和滤框，重新装合。多数情况滤饼装满后还需洗涤，有时还需用压缩空气吹干。所以，板框压滤机的一个工作周期包括装合、过滤洗涤（吹干）、去饼、洗净等过程。

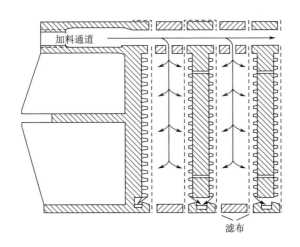

图 2 - 5 滤板和滤框工作情况

　　板框过滤机的板框数从 10 ~ 60 块不等。如果过滤物料的量不多，可用一无孔道滤板插入其中，使后面滤板不起作用。压紧装置有手动、电动和液压 3 种，大型板框过滤机均用液压装置，进料口和出料口均装在固定端板上。

板框过滤机分为明流和暗流两种型式。滤出液直接从每块滤板的出口集中流出的为明流式，滤出液从固定端板的出口集中流出的为暗流式。明流式能直接观察每组板框的工作情况，例如滤布有破损即可发现，但用于成品及无菌过滤时，则采用暗流式比较适宜，因其可减少料液与外界接触的机会从而防止污染。

板框过滤机结构简单、装配紧凑、过滤面积大，允许采用较大的操作压力（一般为 0.3~0.5MPa，最高可达 1.5MPa），辅助设备及动力消耗少，过滤和洗涤的质量好，能分离某些含固形物较少的、难以过滤的悬浮液或胶体悬浮液，对固形物含量高的悬浮液也适用，滤饼的含水率低，可洗涤，维修方便，可用不同滤材以适应具有腐蚀性的物料。板框过滤机的缺点是设备笨重、间歇操作，装拆板框劳动强度大，占地面积多、辅助时间长、生产效率低。针对板框过滤机操作劳动强度大和辅助时间长的缺点，近年来研制的全自动板框过滤机使这种加压过滤设备获得了新的进展。

（2）硅藻土过滤机　硅藻土是单细胞藻类植物遗骸，一般大小为 1~100μm，壳体上微孔密集、堆密度小、比表面积大，主要为非晶质二氧化硅，能滤除 0.1~1.0μm 的粒子。硅藻土过滤机的形式很多，目前使用比较广泛的有板框式、烛式、水平圆盘式 3 种。

①板框式硅藻土过滤机：由机架、滤板和滤框等构成，大都采用不锈钢制作，机架由横杠、固定顶板和活动顶板组成，横杠用于悬挂滤板和滤框，顶板用于压紧滤板和滤框。滤板表面有横或竖的沟槽，用于导出滤后的液体。滤框和滤板四角有孔，分别用来打入待滤悬浮液和排出滤液。滤板和滤框交替悬挂在机架两侧的横杠上，滤板两侧用滤布隔开，滤布由纤维或聚合树脂制成，两块滤板中间夹一个滤框，四周密封，形成一个滤室，用于填充硅藻土、待滤发酵液和截留下来的粒子（图 2-6）。

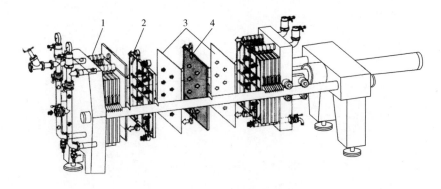

图 2-6　板框式硅藻土过滤机

1—过滤单元　2—滤框　3—过滤纸板　4—支撑板

②烛式硅藻土过滤机：由外壳和滤烛构成，用不锈钢制作（图2-7），每根滤烛由一根中心滤柱和套在其上的许多圆环（或缠绕不锈钢螺旋）组成。烛柱是一根沿长度开成Y形槽的不锈钢柱，直径25mm左右，长度可达2m以上。圆环套装在滤柱上作为支撑物，硅藻土在环面沉积，形成滤层。料液穿过滤层，透过液由中心柱上的沟槽流出。每根滤烛的过滤面积在0.2m²左右，每台烛式过滤机内可安装近700根滤烛，所以过滤面积非常大，并且随着过滤时间的推移，滤层增厚，过滤面积成倍增加。

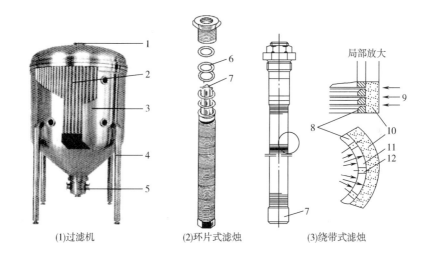

(1)过滤机　　　　　(2)环片式滤烛　　　　(3)绕带式滤烛

图2-7　烛式硅藻土过滤机

1—滤液出口　2—烛式滤芯　3—过滤机外壳　4—支撑　5—料液进口　6—圆环　7—滤柱

8—楔形不锈钢带　9—清洗　10—硅藻土层　11—宽开口　12—狭凸肩

③水平圆盘式硅藻土过滤机：由外壳、圆形滤盘和中心轴构成，用不锈钢制作（图2-8），圆盘上面是用镍铬合金材料编织的筛网作为硅藻土助滤剂的支撑物，筛网孔径为50~80μm，过滤面积为所有圆盘面积的总和。因盘安装在中心轴上，中心轴是空心的，并开有很多滤孔。在电机带动下中心轴可以旋转，并带动圆盘一起旋转。

水平圆盘式硅藻土过滤机的工作原理和烛式硅藻土过滤机相似。添加的硅藻土均匀分布于每一个圆盘上，由此形成均匀的滤层，过滤时滤液由上而下通过滤层，浑浊粒子被截留在上面，透过液由圆盘接收，并汇流至中央空心轴中导出，过滤结束后，圆盘随中心轴一起旋转，在离心力的作用下将滤饼甩出，通常有几种不同的转速可供选择。清洗时，过滤机圆盘的旋转很缓慢，旋转的同时，对圆盘进行强烈地冲洗。水平圆盘式硅藻土过滤机的空心轴上一般有两个通道，通过它们，可使预涂及过滤过程连续进行。

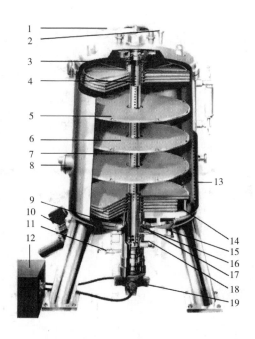

图 2 – 8　水平圆盘式硅藻土过滤机

1—上部进口　2—排气管　3—压紧装置　4—间隔环　5—支脚　6—滤盘　7—滤出轴　8—带视窗机壳

9—硅藻土排出装置　10—硅藻土排出管　11—轴环清洗管　12—液压装置　13—喷洗装置

14—残液滤盘　15—底部进口　16—轴封　17—残液出口　18—清液出口　19—电机

二、 离心技术

离心分离是借助离心机旋转所产生的离心力的作用，促使不同大小，不同密度的粒子分离的技术。离心分离技术广泛应用于食品、生物制药生产中的固液分离、液液分离及不同大小分子的分离。离心分离具有分离速度快、分离效率高等优点，特别适合于固体颗粒小、液体黏度大、过滤速度慢及忌用助滤剂或助滤剂无效的场合。但离心分离也存在设备投资高、能耗大等缺点。根据分离原理不同，离心分离分为离心沉降和离心过滤两种方式。

（一）影响离心效果的主要因素及控制

1. 离心力和相对离心力

离心力是粒子在离心场所受到的力。离心力的大小等于离心加速度 $r\omega^2$ 与颗粒质量 m 的乘积，即：

$$F_c = mr\omega^2$$

式中　F_c——离心力，N

　　　m——粒子质量，kg

　　　r——粒子与轴心的距离，m

　　　ω——角速度，rad/s

从上式可以看出，离心力的大小与转速的平方成正比，也与旋转半径成正比。在转速一定的条件下，颗粒离轴心越远，其所受的离心力越大。其次，离心力的大小也与某径向距离上颗粒的质量成正比。所以在离心机的使用中，对已装载了被分离物的离心管的平衡提出了严格的要求：离心管要以旋转中心对称放置，质量要相等；旋转中心对称位置上两个离心管中的被分离物平均密度要基本一致，以免在离心一段时间后，此两离心管在相同径向位置上由于颗粒密度的较大差异，导致离心力的不同。如果疏忽此两点，都会使转轴扭曲或断裂，导致事故发生。

由于各种离心机转子的半径或者离心管至旋转轴中心的距离不同，离心力也随之变化，在实际应用中常用到转速来表示离心条件，但转速相同的情况下，如果转子半径不一样，将导致离心力不一样，因此在文献中常用"相对离心力（RCF）"或"数字×g"表示离心力，如相对离心力为 $5000 \times g$。只要 RCF 值不变，一个样品可以在不同的离心机上获得相同的结果。相对离心力（也称分离因素）是粒子所受到的离心力与其重力之比，即：

$$RCF = \frac{F_c}{F_g} = \frac{mr\omega^2}{mg} = \frac{r(2\pi n/60)^2}{g} = 1.18 \times 10^{-3} n^2 r$$

式中　RCF——相对离心力

F_g——重力，N

g——重力加速度，$9.81 m/s^2$

n——转子每分钟的转数，r/min

可见，离心力或相对离心力更真实反映了粒子在不同离心机（或转子）中的实际情况。一般用相对离心力来表示高速或超速离心条件，而用转数（r/min）来表示低速离心条件。

2. 离心时间和 K 因子

离心分离时间与离心速度及粒子沉降距离关系为：

$$s = \frac{\ln r_2 - \ln r_1}{\omega^2 (t_2 - t_1)}$$

式中　t_1，t_2——离心时间，s

r_1，r_2——分别为 t_1，t_2 时，粒子到离心机轴心的距离，m

s——沉降系数

由式可见，对于某一定的样品溶液，当需达到要求的沉降效果（沉降距离）时，离心时间与转速乘积为一定数。因此，采用较低的转速、较长的离心时间或较高的转速、较短的离心时间都可以达到同样的离心效果。

若用 R_{min} 代替 r_1 表示旋转轴与样品溶液表面之间的距离，用 R_{max} 代替 r_2 表示旋转轴与离心管底部的距离，则样品颗粒从液面沉降到离心管底部的沉降时间 t 为。

$$t = \frac{\ln R_{max} - \ln R_{min}}{\omega^2 s}$$

t 的单位是秒（s），如果把 t 的单位换成小时（h），并用一个斯维德贝格单位

$(1S = 1 \times 10^{-13} s)$ 替代，这样的沉降时间用 K 来表示，称为 K 因子。即，

$$K = 2.53 \times 10^{11} \frac{\ln R_{max} - \ln R_{min}}{n^2}$$

对于沉降系数为 S 的颗粒，沉降时间为：

$$t_s = \frac{K}{S}$$

式中　t_s——沉降时间，h

市售转子以最高转速时的 K 因子作为此转子的主要特征参数，在大多数离心转子使用说明书上对每个转子都列出了不同转速时的 K 因子表，所给出的 K 因子均从转子的离心管孔顶部而不是从液面计算的，故实际 K 因子比理论 K 因子小。

3. 离心操作温度

在生物实验操作过程中，很多蛋白质、酶都必须在低温下进行操作才能保持良好的生物活性。有些蛋白在温度变化的情况下会改变颗粒的沉降性质或出现变性，从而影响分离效果，因此，离心温度必须严格地控制。

除此之外，样品的理化性质如组成成分大小、形状、密度、黏度等，样品处理量及离心分离设备也对离心效果有影响。

（二）离心分离设备

离心机是广泛使用的分离设备，实验室用离心机以离心管式转子离心机为主，离心操作为间歇式。图2-9为各种形式的离心转子。工业用离心设备一般要求有较大的处理能力并可进行连续操作。离心分离设备根据其离心力（转数）的大小，可分为低速离心机、高速离心机和超速离心机。生化分离用离心机一般为冷却式，可在低温下操作，称为冷冻离心机。各种离心机的离心力范围和分离对象见表2-1。工业离心分离设备中，较常用的有管式离心机和碟片式离心机两大类。

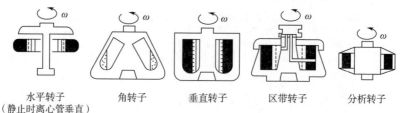

水平转子　　　　角转子　　　　垂直转子　　　　区带转子　　　　分析转子
（静止时离心管垂直）

图2-9　各种形式的离心机转子

表2-1　　　　　　　　　　　　离心机的种类和适用范围

项目	低速离心机 （2000~7000×g）	高速离心机 （8000~80000×g）	超速离心机 （100000~600000×g）
细胞	适用	适用	适用
细胞核	适用	适用	适用
细胞器	—	适用	适用
蛋白质	—	—	适用

1. 碟片式离心机

碟片式离心机是沉降式离心机的一种，1877 年由瑞典的德拉瓦尔（DeLaval）发明，是目前工业生产中应用最广泛的离心机。图 2 - 10 为碟片式离心机的简图，它有一密封的转鼓，内装十至上百个锥顶角为 60°～100° 的锥形碟片，悬浮液或乳浊液由中心进料管进入转鼓，从碟片外缘进入碟片间隙向碟片内缘流动。由于碟片间隙很小，形成薄层分离，固体颗粒或重液沉降到碟片内表面上后向碟片外缘滑动，最后沉积到鼓壁上。已澄清的液体或经溢流口或由向心泵排出。碟片式离心机的分离因数可达 3000～10000×g，由于碟片数多并且间隙小，从而增大了沉降面积，缩短了沉降距离，所以分离效果较好。

在出渣方式上除人工间隙出渣外，还可采用自动出渣离心机，可以实现连续操作，其中具有活门式自动出渣装置的碟片式离心机最为方便。

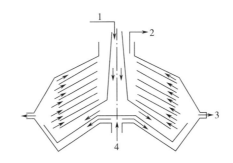

图 2 - 10　碟片离心机结构示意图

1—悬浮液　2—离心后清液　3—固体颗粒出口　4—循环液

2. 管式离心机

管式离心机是一种分离效率很高的离心分离设备，由于转鼓细而长（长度为直径的 6～7 倍），所以可以在很高的转速（转速可达 15000～50000r/min）下工作，而不至于使转鼓内壁产生过高压力。

管式离心机分离因数高达 $1×10^4$～$6×10^5$，适合固体粒子粒径为 0.01～100μm，固体密度差大于 $0.01g/cm^3$，体积浓度小于 1% 的难分离悬浮液，可用于微生物细胞的分离。

管式离心机也是一种沉降式离心机，可用于液 - 液分离和固 - 液分离。当用于液 - 液分离时为连续操作，而用于固 - 液分离时则为间歇操作，操作一段时间后需将沉积于转鼓壁上的固体定期人工卸除。

管式离心机由转鼓、分离盘、机壳、机架、传动装置等组成，如图 2 - 11 及图 2 - 12 所示。悬浮液在加压情况下由下部送入，经挡板作用分散于转鼓底部，受到高速离心力作用而旋转向上，轻液（或清液）位于转鼓中央，呈螺旋形运转向上移动，重液（或固体）靠近鼓壁。分离盘靠近中心处为轻液（或清液）出口孔，靠近转鼓壁处为重液出口孔。用于固 - 液分离时，将重液出口孔用石棉垫堵塞，固体则附于转鼓周壁，待停机后取出。

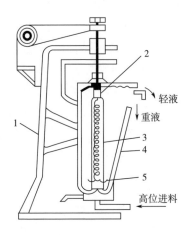 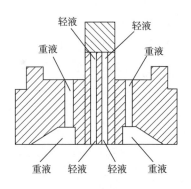

图 2－11　管式离心机结构示意图　　　　图 2－12　离心盘示意图
1—机架　2—分离盘　3—转筒　4—机壳　5—挡板

项目四　细胞破碎技术

在生物分离过程中，生物产物有些由细胞直接分泌到细胞外的培养液中，有些则不能，而保留在细胞内。动物细胞培养的产物大多分泌在细胞外培养液中；微生物的代谢产物有的分泌在细胞外，也有许多是存在于细胞内部，而植物细胞产物，多为胞内物质。分泌到细胞外的目的物，用适当的溶剂可直接提取；而存在于细胞内的目的物，需要在分离纯化以前先收集细胞并将其破碎，使目的物释放到液相中，然后再进行提纯。细胞破碎就是采用一定的方法，在一定程度上破坏细胞壁和细胞膜，设法使胞内产物最大程度地释放到液相中，破碎后的细胞浆液经固液分离除去细胞碎片后，再采用不同的分离手段进一步纯化。可见，细胞破碎是提取胞内产物的关键步骤。

一、细胞壁的组成与结构

不同生物的细胞结构、组成和强度不同，动物、植物和微生物细胞的结构相差很大，而原核细胞和真核细胞也不同。动物细胞没有细胞壁，只有脂质、蛋白质组成的细胞膜，易于破碎，植物和微生物细胞外层均有细胞壁，细胞壁内是细胞膜，通常细胞壁较坚韧而细胞膜脆弱，所以细胞破碎的主要阻力来自于细胞壁。

（一）微生物细胞壁组成与结构

1. 细菌细胞壁

几乎所有细菌的细胞壁都是由坚固的骨架——肽聚糖组成。革兰阳性菌的细胞壁主要由肽聚糖层组成，细胞壁较厚，15～50nm，而革兰阴性菌的细胞壁肽聚糖层1.5～2.0nm，在肽聚糖层的外侧分别由脂蛋白和脂多糖及磷脂构成两层外壁层，8～10nm。因此，革兰阳性菌的细胞壁比革兰阴性菌坚固，较难破碎，如图2-13所示。

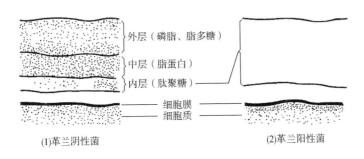

外层（磷脂、脂多糖）
中层（脂蛋白）
内层（肽聚糖）
细胞膜
细胞质
(1)革兰阴性菌　　　　(2)革兰阳性菌

图2-13　细菌细胞壁组成与结构

2. 酵母细胞壁

酵母菌的细胞壁由葡聚糖、甘露聚糖和蛋白质构成，最里层是由葡聚糖的细纤维组成，构成了细胞壁的刚性骨架；覆盖其上的是糖蛋白，最外层是甘露聚糖的网状结构，其内部是甘露聚糖—酶的复合物，整个细胞壁厚度约70nm，并随着菌龄增加而增加。因此，酵母细胞壁比革兰阳性菌的细胞壁厚，更难破碎。

3. 霉菌细胞壁

霉菌的细胞壁较厚，10～250nm，主要由多糖组成，其次还含有较少量的蛋白质和脂类。不同的霉菌，细胞壁的组成有很大的不同，其中大多数霉菌的多糖壁是由几丁质和葡聚糖构成。几丁质是由数百个 $N-$ 乙酰葡萄糖胺分子以 $\beta-1,4$ 葡萄糖苷键连接而成的多聚糖。少数低等水生真菌的细胞壁由纤维素构成。

（二）植物细胞壁组成与结构

植物细胞壁主要组成成分包括多糖类（纤维素、半纤维素、果胶等）、蛋白类（结构蛋白、酶、凝聚素等）、多酚类（木质素等）和脂质化合物。较为普遍接受的植物细胞壁模型是经纬模型。该模型认为，细胞壁是由纤维素微纤丝和伸展蛋白质交织而成的网络，悬浮在亲水的果胶——半纤维素胶体中。纤维素微纤丝的排列方向与细胞壁平行，构成了细胞壁的"经"，伸展蛋白环绕在微纤丝周围，排列方向与细胞壁垂直，构成了细胞壁的"纬"（图2-14）。具有不同功能的植物细胞往往结构上有相应的变化，如木质化、栓质化和角质化等。因此，对于不同植物细胞要区别对待。

（三）细胞壁的结构与细胞破碎

细胞破碎的主要阻力来自于细胞壁，不同种类的微生物细胞及同种细胞在不

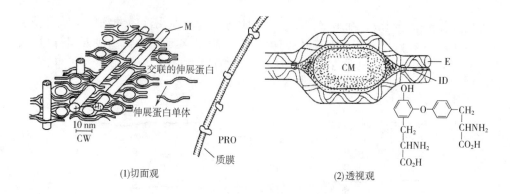

图 2 - 14　植物细胞壁的组成与结构
CM—纤维素的微纤丝　CW—细胞壁　E—伸展蛋白　ID—异二酪氨酸
M—微纤丝　PRO—原生质体

同的环境下，其细胞壁的结构不同，因此破碎性能随菌体的种类和生长环境的不同而不同。一般说来，酵母菌较细菌难破碎，处于静止状态的细胞较处于快速生长状态的细胞难破碎，在复合培养基上培养的细胞比在简单合成培养基上培养的细胞较难破碎

微生物细胞壁的形状和强度取决于构成细胞壁的聚合物以及它们相互交联或与其他组分交联的强度。各种微生物细胞壁的结构和组成差异很大，由遗传信息、生长环境和菌龄等因素决定。如真菌细胞壁中含有几丁质或纤维素的纤维状结构，所以强度有所提高。破碎细胞壁的主要阻力是网状结构的共价键。

在机械破碎中，细胞的大小和形状以及细胞壁的厚度和聚合物的交联程度是影响破碎难易程度的重要因素。细胞个体小、呈球形、壁厚、聚合物交联程度高是最难破碎的。虽然通过改变遗传密码或者培养的环境因素可以改变细胞壁的结构，但到目前为止还没有足够的数据表明利用这些方法可以提高机械破碎的破碎率。

在使用酶法和化学法溶解细胞时，细胞壁的组成最重要，其次是细胞壁的结构。了解细胞壁的组成和结构，可有助于选择合适的溶菌酶和化学试剂，以及在使用多种酶或化学试剂相结合时确定其使用的顺序。

二、细胞破碎的方法

细胞破碎的目的是释放出胞内产物，其方法很多。根据作用方式不同可分为机械法和非机械法两大类。传统的机械破碎主要有匀浆法、研磨法和超声波破碎等方法；常见的非机械法包括渗透、酶溶、冻融和化学破碎法等。机械破碎过程中，细胞所受的机械作用力主要有压缩力和剪切力。化学破碎又称化学渗透，利用化学或化学试剂（酶）改变细胞壁，形成原生质体后，在渗透压作用下使细胞膜破裂而释放胞内物质。细胞破碎机理如图 2 - 15 所示。

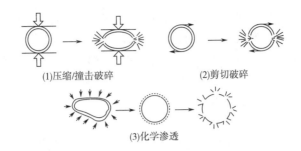

(1)压缩/撞击破碎　　　　(2)剪切破碎

(3)化学渗透

图 2 - 15　细胞破碎机理

除高压匀浆法和珠磨法在实验室和在工业上都得到应用外，超声波法和其他方法大多处在实验室应用阶段，其工业化的应用还受到诸多因素的限制。机械破碎处理量大、破碎率高、速度快，是工业规模细胞破碎的主要手段，随着科学研究的不断进步，一些新的方法也在不断发展和完善，如激光破碎、冷冻－喷射和相向流撞击等。

（一）机械法

1. 旋刀式匀浆法

旋刀式匀浆是机体组织破碎最常用的方法之一。它的工作原理是通过固体剪切力破碎组织和细胞，释放细胞内含物进入溶液。这是一种剧烈的破碎细胞方法。匀浆器（转速 8000～10000r/min）处理 30～45s，植物和动物细胞能完全破碎。如用其破碎酵母菌和细菌的细胞时，就须加入石英砂才有效。但是在捣碎期间必须保持低温，以防温度升高引起有效成分变性，因此匀浆的时间不宜太长。市售的旋刀式匀浆器主要是高速组织捣碎机。匀浆是简便、迅速和风险小的组织破碎方法，是实验室首先考虑的方法之一。

2. 高压匀浆法

高压匀浆法是大规模细胞破碎的常用方法，又称高压剪切破碎，所用设备是高压匀浆器，由高压主泵和匀浆阀组成（图 2 - 16）。高压匀浆器的破碎原理是利用高压使细胞悬浮液通过针形阀，由于突然减压和高速冲击碰撞环使细胞破碎。在高压匀浆器中，高压室的压力高达几十个兆帕，细胞悬浮液自高压室针形阀喷出时，每秒速度可达几百米。这种高速喷出的浆液射到静止的撞击环上，被迫改变方向从出口管流出。细胞在这一系列高速

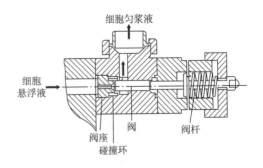

图 2 - 16　高压匀浆器结构简图

运动进程中经历了剪切、碰撞及由高压到常压的变化，从而造成细胞破碎。高压匀浆器的操作压力通常为 50 ~ 100MPa。

高压匀浆法适用于酵母和大多数细菌细胞的破碎，料液细胞质量浓度可达到 200g/L 左右，但不宜破碎易造成堵塞的团状或丝状真菌以及含有包含体的基因工程菌，因为包含体质地坚硬，易损伤匀浆阀。为保护目标产物的生物活性，需对料液做冷却处理，多级破碎操作中需在级间设置冷却装置。因为料液通过匀浆器的时间很短（20 ~ 40ms），通过匀浆器后迅速冷却，可有效防止温度上升，保护产物活性。

高压匀浆法中影响破碎的主要因素是压力、温度和通过匀浆器的次数。一般说来，增大压力和增加破碎次数都可以提高破碎率，但当压力增大到一定程度后对匀浆器的磨损较大。在工业生产中，通常采用的压力为 55 ~ 70MPa。为了控制温度的升高，可在进口处用干冰调节温度，使出口温度调节在 20℃ 左右。在工业规模的细胞破碎中，对于酵母等难破碎的及高浓度的细胞或处于生长静止期的细胞，常采用多次循环的操作方法。

高压匀浆器种类较多，如 WAB 公司的 AVP Gaulin 31MR 型的最大操作压力为 24MPa，最大处理量为 100L/h；Bran and luebbe 公司的 SHL40 型的最大操作压力为 20 ~ 63MPa，最大处理量达 2.6 ~ 34m³/h。

3. 喷雾撞击破碎法

细胞是弹性体，比一般的刚性固体粒子难以破碎。将细胞冷冻可使其成为刚性球体，降低破碎的难度，喷雾撞击破碎正是基于这样的原理。细胞悬浮液以喷雾状高速冻结（冻结速度为每分钟数千摄氏度），形成粒径小于 $50\mu m$ 的微粒子。高速载气（如氮气，流速约 300m/s）将冻结的微粒子送入破碎室，高速撞击撞击板，使冻结的细胞发生破碎（图 2 – 17）。

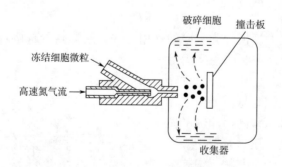

图 2 – 17　喷雾撞击破碎器结构简图

喷雾撞击破碎的特点是：细胞破碎仅发生在与撞击板撞击的一瞬间，细胞破碎程度均匀，可避免细胞反复受力发生过度破碎的现象。另外，细胞破碎程度可通过无级调节载气压力（流速）控制，避免细胞内部结构的破坏，适用于细胞器

（如线粒体、叶绿体等）的回收。

喷雾撞击破碎适用于大多数微生物细胞和植物细胞的破碎，通常处理细胞悬浮液质量浓度为 100～200g/L。实验室规模的撞击破碎器间歇处理能力 50～500mL，而工业规模的连续处理能力在 10L/h 以上。

4. 研磨法

研磨法是借助研磨中磨料和细胞间的剪切及碰撞作用破碎细胞。研磨法根据处理样品量可分为手动研磨法和珠磨法。

（1）手动研磨法　该法在研钵内进行，样品与磨料被研磨成厚糊状。常用的磨料为石英砂、氧化铝。有时为增强研磨效果，可将样品溶液冷冻形成冰晶体，在研磨过程中不断加入干冰或液氮以保持研磨在冷冻状态下进行。此法较温和，适宜实验室应用。但加石英砂或氧化铝时，要注意其对有效成分的吸附作用。另外，石英砂或氧化铝用前应做清洁处理。

（2）珠磨法　利用玻璃小珠与细胞悬浮液一起快速搅拌，由于研磨作用，使细胞获得破碎。该法应视为研磨法的扩展。它用玻璃珠替代磨料。小量样品（湿重不超过 3g）可在试管内进行，大量样品需使用特制的高速珠磨机。珠磨机的破碎室内填充玻璃（密度为 2.5g/mL）或氧化锆（密度为 6.0g/mL）微珠（粒径 0.1～1.0mm），填充率为 80%～85%。在搅拌桨的高速搅拌下微珠高速运动，微珠和微珠之间以及微珠和细胞之间发生冲击和研磨，使悬浮液中的细胞受到研磨剪切和撞击而破碎，破碎产生的热量一般采用夹套冷却的方式带走，珠磨法破碎细胞可采用间歇或连续操作（图 2-18）。

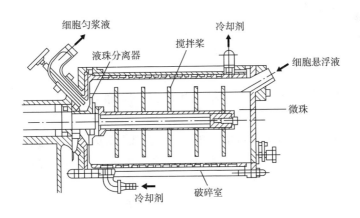

图 2-18　珠磨机结构简图

影响细胞破碎的程度有珠体的大小、珠体在磨室中的装量、搅拌速度、操作温度，除此之外还有搅拌转速、料液的循环流速、细胞悬浮液的浓度、玻璃小珠的装置和珠体的直径以及温度等。

珠体的大小：应以细胞大小、种类、浓度、所需提取的酶在细胞中的位置关系以及连续操作时不使珠体带出作为选择依据。一般来说，磨珠越小，细胞破碎的速度也越快，但磨珠太小易于漂浮，并难以保留在研磨机的腔体内，所以它的尺寸不能太小。通常在实验室规模的研磨机中，珠径为0.2mm较好，而在工业规模操作中，珠粒直径不得<0.4mm。

珠体在磨室中的装量：珠体的装量要适中。装量少时，细胞不易破碎；装量多时，能量消耗大，研磨室热扩散性能降低，引起温度升高，给细胞破碎带来困难。因此研磨机腔体内的填充密度应该控制在80%~90%，并随珠粒直径的大小而变化。

搅拌速度：增加搅拌速度能提高破碎效率，但过高的速度反而会使破碎率降低，能量消耗增大，所以搅拌速度应适当。

操作温度：操作温度在5~40℃对破碎物影响较小，温度高时，细胞较易破碎，但操作温度的控制主要考虑的是破碎物，特别是目的产物不受破坏。为了控制温度，可采用冷却夹套和搅拌轴的方式来调节珠磨室的温度。

延长研磨时间、增加珠体装量、提高搅拌转速和操作温度等都可有效地提高细胞破碎率，但高破碎率将使能耗大大增加。当破碎率超过80%时，单位破碎细胞的能耗明显上升。除此以外，高破碎率带来的问题还有：产生较多的热能。增大了冷却控温的难度；大分子目的产物的失活损失增加；细胞碎片较小，分离碎片不易，给下一步操作带来困难。因此，珠磨法的破碎率一般控制在80%以下。

珠磨法适用于绝大多数微生物细胞的破碎，但与高压匀浆法相比，影响破碎率的操作参数较多，操作过程的优化设计较复杂。

5. 超声波破碎法

超声波破碎法是利用超声波振荡器发射15~25kHz的超声波来处理细胞悬浮液，从而使细胞破碎。超声波振荡器有不同的类型，常用的为电声型，它是由发声器和换能器组成，发生器能产生高频电流，换能器的作用是把电磁振荡转换成机械振动。超声波振荡器又可分为槽式和探头直接插入介质两种型式，一般破碎效果后者比前者好。

超声波破碎细胞，其机理可能与液体中空穴的形成有关。当超声波在液体中传播时，液体中的某一小区域交替重复地产生巨大的压力和拉力。由于拉力的作用，使液体拉伸而破裂，从而出现细小的空穴。这种空穴泡在超声波的继续作用下，又迅速闭合，产生一个极为强烈的冲击波压力，由它引起的黏滞性漩涡在悬浮细胞上造成了剪切应力，促使其内部液体发生流动，而使细胞破碎。

超声波处理细胞悬浮液时，破碎作用受许多因素的影响，如超声波的声强、频率、液体的温度、压强和处理时间等，此外介质的离子强度、pH和菌种的性质等也有很大的影响。不同的菌种用超声波处理的效果也不同，杆菌比球菌易破碎，革兰阴性菌比革兰阳性菌易破碎，酵母菌效果较差。细菌和酵母菌悬浮液用超声波处理时，时间宜长点。

使用超声波破碎必须注意将强度控制在一定限度内，即刚好低于溶液产生泡沫的水平。因为产生泡沫会导致某些活性物质失活。过低的强度将降低破碎效率。最好在正式实验前用多余样品试超，调校超声波发生器在稍低于产生泡沫的强度。正式破碎样品时，强度只能在预定位置附近做微小调整。

超声波破碎的优点是在处理少量样品时操作简便，液量损失少。其缺点是易使生物物质变性失活，噪声令人难以忍受，大容量装置声能传递、散热均有困难。为了防止电器长时间运转产生过多的热量，常采用间歇处理和在冰水或有外部冷却的容器中进行。因此，主要用于实验室规模的细胞破碎。

（二）非机械法

1. 物理法

（1）溶胀法　细胞膜为天然的半透膜，在低渗溶液如低浓度的稀盐溶液中，由于存在渗透压差，特定溶剂分子大量进入细胞，引起细胞膜发生胀破的现象称溶胀。溶胀法就是利用了细胞的溶胀现象来进行细胞破碎，又称作渗透压冲击法。例如红血球置于清水中会迅速溶胀破裂并释放出血红素。

常规的溶胀法是将一定体积的细胞液加入 2 倍体积的水中。由于细胞中的溶质浓度高，水会不断渗进细胞内，致使细胞膨胀变大，最后导致细胞破裂。在大规模动物细胞，特别是血液细胞用快速改变介质中盐浓度引起渗透冲击使之破碎，是十分有效的。

目前，溶胀法发展到预先用高渗透压的介质浸泡细胞来进一步增加渗透压。通常是将细胞转置于高渗透压的介质（如较高浓度的甘油或蔗糖溶液）中，达到平衡后，将介质突然稀释或将细胞转置于低渗透压的水或缓冲溶液中。在渗透压的作用下，水渗透通过细胞壁和膜进入细胞，使细胞壁和膜膨胀破裂。

溶胀法是在各种细胞破碎法中最为温和的一种，适用于易于破碎的细胞，如动物细胞和革兰阴性菌。

（2）冻融法　是将细胞在低温（约 −15℃）条件下急剧冻结后在室温缓慢融化，此冻结−融化操作反复进行多次，从而使细胞受到破坏。

冻融法破壁的机理有两点：一是在冷冻过程中会促使细胞膜的疏水键结构破裂，从而增加细胞的亲水性能；二是冷冻时胞内水结晶，形成冰晶粒，引起细胞膨胀而破裂。

冻融法对于存在于细胞质周围靠近细胞膜的胞内产物释放较为有效，但产物靠分子扩散释放出来，速度缓慢，因此，冻融法在多数情况下效果不显著。

（3）干燥法　经干燥后的细胞，其细胞膜的渗透性发生变化，同时部分菌体会产生自溶，然后用丙酮、丁醇或缓冲液等溶剂处理时，胞内物质就会被抽提出来。

干燥法的操作可分空气干燥、真空干燥、喷雾干燥和冷冻干燥等。空气干燥主要适用于酵母菌，一般在 25～30℃的热气流中吹干，然后用水、缓冲液或其他溶剂抽提。空气干燥时，部分酵母可能产生自溶，所以较冷冻干燥，喷雾干燥容易抽提。真空干燥适用于细菌的干燥，把干燥成块的菌体磨碎再进行抽提。冷冻干燥适用于不稳定的生化物质，在冷冻条件下磨成粉，再用缓冲液抽提。干燥法条件变化较剧烈，容易引起蛋白质或其他物质变性。

物理法破碎效率较低、产物释放速度低、处理时间长，不适于大规模细胞破碎的需要，多局限于实验室规模的小批量应用。

2. 化学法

采用化学法处理可以溶解细胞或抽提胞内组分。常用酸、碱、表面活性剂和有机溶剂等化学试剂。酸处理可以使蛋白质水解成氨基酸，通常采用 6mol/L HCl。碱和表面活性剂能溶解细胞壁上脂类物质或使某些组分从细胞内渗漏出来。天然的表面活性剂有胆酸盐和磷脂等。合成的表面活性剂可分为离子型和非离子型。离子型如十二烷基硫酸钠（SDS，阴离子型），十六烷基三甲基溴化铵（阳离子型）；非离子型如 Triton X－100 和吐温（Tween）等。在一定条件下，表面活性剂能与脂蛋白结合，形成微泡，使膜的通透性增加或使其溶解。如对于胞内的异淀粉酶，可加入 0.1%十二烷基硫酸钠或 0.4% Triton－100 于酶液中作为表面活性剂，30℃振荡 30h，异淀粉酶就能较完全地被抽提出来，所得酶活性比机械破碎高。

有机溶剂可采用丁酯、丁醇、丙酮、氯仿和甲苯等。这些脂溶性有机溶剂能溶解细胞壁的磷脂层，使细胞结构破坏。如存在于大肠杆菌细胞内的青霉素酰化酶可利用醋酸丁酯来溶解细胞壁上脂质，使酶释放出来。

化学法具有产物的释出选择性好，细胞外形较完整、碎片少，核酸等胞内杂质释放少，便于后步分离等优点，故使用较多。但该法容易引起活性物质失活破坏，因此根据生化物质的稳定性来选择合适的化学试剂和操作条件是非常重要的。另外，化学试剂的加入，常会给随后产物的纯化带来困难，并影响最终产物纯度。如表面活性剂存在常会影响盐析中蛋白质的沉淀和疏水层析，因此必须注意除去。

3. 酶溶法

酶溶法是利用能溶解细胞壁的酶处理细胞，使细胞壁受到部分或完全破坏后，再利用渗透压冲击等方法破坏细胞膜，最后导致细胞破碎。因此利用此方法处理细胞必须根据细胞的结构和化学组成选择适当的酶。常用的有溶菌酶、β－1，3－葡聚糖酶、β－1，6－葡聚糖酶、蛋白酶、甘露糖酶、糖苷酶、肽链内切酶、壳多糖酶、蜗牛酶等。细菌主要用溶菌酶处理，酵母需用好几种酶进行复合处理。使用溶菌酶系统时要注意控制温度、酸碱度、酶用量、先后次序及时间。

溶菌酶适用于革兰阳性菌细胞壁的分解，应用于革兰阴性菌时，需辅以 EDTA 使之更有效地作用于细胞壁。真核细胞的细胞壁不同于原核细胞，需采用不同的酶。酵母细胞的酶溶需用消解酶（几种细菌酶的混合物）、β－1，6－葡聚糖酶或甘露糖酶；破坏植物细胞壁需用纤维素酶。

通过调节温度、pH 或添加有机溶剂，诱使细胞产生溶解自身的酶的方法也是一种酶溶法，称为自溶。例如，酵母在 45～50℃ 下保温 20h 左右，可发生自溶。

酶溶法是细胞破碎的有效方法。酶溶法条件温和，酶加到细胞悬浮液中能迅速与细胞壁反应使其破碎且选择性强，但酶价格昂贵、通用性差，有时存在产物抑制，使得此法很难应用于大规模工业操作。

三、 细胞破碎效果的检查

细胞的破碎效果可以用破碎率来表示。破碎率定义为被破碎细胞的数量占原始细胞数量的百分比，可采用以下几种测定方法。

（一） 直接测定法

利用适当的方法检测破碎前后的细胞数量即可直接计算其破碎率。对于破碎前的细胞，可利用显微镜或电子微粒计数器直接计数。破碎过程中所释放出的物质如 DNA 和其他聚合物组分会干扰计数，可采用染色法把破碎的细胞与未受损害的完整细胞区分开来，以便于计数。例如，如果是酵母，就能对完整细胞、破碎细胞和空细胞碎片进行识别和计数，该方法是基于固定在干净片子上的酵母，在细胞壁破碎时能改变其对革兰试剂的反应的事实，即在 1000 倍放大镜下观察到完整细胞呈红色或无色，而细胞碎片呈绿色。该方法主要的困难是寻找一种合适、可用的细胞染色技术。

（二） 目的产物测定法

细胞破碎后，通过测定破碎液中目的产物的释放量来估算破碎率。通常将破碎后的细胞悬浮液用离心法分离细胞碎片，测定上清液中目的产物如蛋白质或酶的含量或活性，并与 100% 破碎率获得的标准数值比较，计算其破碎率。

（三） 测定导电率

细胞破碎后，大量带电荷的内含物被释放到水相，使导电率上升。导电率随着破碎率的增加而呈线性增加。由于导电率的大小取决于微生物的种类、处理的条件、细胞的浓度、温度和悬浮液中原电解质的含量等，因此，正式测定前，应预先用其他方法制定标准曲线。

四、 选择破碎方法的依据

机械法和非机械法各有不同的特点。机械法依靠专用设备，利用机械力的作用将细胞切碎，所以细胞碎片细小，胞内物质一般都全部释放，故核酸、杂蛋白等含量高，料液黏度大，给后续的固液分离带来较大困难。但也具有很多优点，如设备通用性强、破碎效率高、操作时间短、成本低，大多数方法都适合大规模工业化等。非机械法是利用化学试剂或物理因素等来破坏局部的细胞壁或提高壁的通透性，故细胞破碎率低，胞内物质释放的选择性好，固液分离容易。但往往破碎率较低，耗费时间长，某些方法成本高，一般仅适合小规模。通常在选择破碎方法时，应从以下 4 个方面考虑。

（一）细胞的处理量

若细胞处理量大，则采用机械法；若仅为实验室规模，则选择非机械法。

（二）细胞壁的强度和结构

细胞壁的强度除取决于网状高聚物结构的交联程度外，还取决于构成壁的聚合物种类和壁的厚度，如酵母和真菌的细胞壁与细菌相比，含纤维素和几丁质，强度较高，故在选用高压匀浆法时，后者就比较容易破碎。某些植物细胞纤维化程度大、纤维层厚、强度很高，破碎也较困难。在机械法破碎中，破碎的难易程度还与细胞的形状和大小有关，如高压匀浆法对酵母菌、大肠杆菌、巨大芽孢杆菌和黑曲霉等微生物细胞都能很好适用，但对某些高度分枝的微生物，由于会阻塞匀浆器阀而不能适用。在采用化学法和酶法破碎时，更应根据细胞的结构和组成选择不同的化学试剂或酶，这主要是因为它们作用的专一性很强。

（三）目标产物对破碎条件的敏感性

生化物质通常稳定性较差，在决定破碎条件时，既要有高的释放率，又必须确保其稳定。例如在采用机械法破碎时，又要考虑剪切力的影响；在选择酶解法时，应考虑酶对目标产物是否具有降解作用；在选择有机溶剂或表面活性剂时，要考虑不能使蛋白质变性。此外，破碎过程中溶液的 pH、温度、作用时间等都是重要的影响因素。

（四）破碎程度

细胞破碎后的固液分离往往是一个突出要解决的问题，机械法破碎（如高压匀浆法）常会使细胞碎片变得很细小，固液分离就困难，因此操作条件的控制很重要。

【思考题】

1. 预处理的目的是什么？常采用的方法有哪些？
2. 什么是凝聚作用？什么是絮凝作用？常用的凝聚剂有哪些？常用的絮凝剂有哪些？
3. 简述板框过滤机、硅藻土过滤机的过滤原理。
4. 简述影响离心分离效果的因素及其选择。

5. 简述碟片离心机和管式离心机各自的特点和用途。

6. 简述常见的细胞破碎方法及原理。

7. 怎样评价细胞的破碎程度?

实训案例1　酵母细胞的破碎及破碎率的测定

一、实训目的

1. 掌握超声波细胞破碎的原理和操作。

2. 学习细胞破碎率的评价方法。

二、实训原理

频率超过 15～20kHz 的超声波,在较高的输入功率下(100～250W)可破碎细胞。本实验采用 JY92－2D 型超声波细胞粉碎机(宁波新芝科器研究所制造),其工作原理是:JY92－2D 型超声波细胞粉碎机由超声波发生器和换能器两个部分组成。超声波发生器(电源)是将 220V、50Hz 的单相电通过变频器件变为 20～25Hz、约 600V 的交变电能,并以适当的阻抗与功率匹配来推动换能器工作,做纵向机械振动,振动波通过浸入在样品中的钛合金变幅杆对破碎的各类细胞产生空化效应,从而达到破碎细胞的目的。

三、实训材料

1. 设备

超声波细胞破碎机,电子显微镜,酒精灯,载玻片,血球计数板,接种针。

2. 试剂

酵母细胞悬浮液:0.2g/mL 啤酒酵母溶于 50mmol/L 乙酸钠－乙酸缓冲溶液(pH 为 4.7),土豆培养基。

四、实训步骤

1. 啤酒酵母的培养

①菌种纯化:酵母菌种转接至斜面培养基上,28～30℃,培养 3～4d,培养成熟后,用接种环取一环酵母菌至 8mL 液体培养基中,28～30℃,培养 24h。

②扩大培养:将培养成熟的 8mL 液体培养基中的酵母菌全部转接至含 80mL 液体培养基的三角瓶中,28～30℃,培养 15～20h。

2. 取 1mL 酵母细胞悬浮液经适当稀释后,用血球计数板在显微镜下计数。

3. 将 80mL 酵母细胞悬浮液放入 100mL 容器中,液体浸没超声发射针 1cm。

4. 打开开关,将频率钮设置至中档,超声破碎 1min,间歇 1min,破碎 20 次。

5. 取 1mL 破碎后的细胞悬浮液经适当稀释后,滴一滴在血球计数板上,盖上盖玻片,用电子显微镜进行观察,计数。计算细胞破碎率。

6. 破碎后的细胞悬浮液,于 12000r/min、4℃离心 30min,去除细胞碎片。用 Lowry 法检测上清液蛋白质含量。

五、讨论

1. 用显微镜观察细胞破碎前后的形态变化。

2. 用两种方法对细胞破碎率进行评价：一种是直接计数法，对破碎后的样品进行适当稀释后，通过在血球计数板上用显微镜观察来实现细胞的计数，从而计算出破碎率；另一种是间接计数法，将破碎后的细胞悬浮液离心分离掉固体（完整细胞和碎片），然后用 Lowry 法测量上清液中的蛋白质含量，也可以评估细胞的破碎程度。

模块二

萃取技术

知识要点

　　萃取是利用溶质在互不相溶的两相之间分配系数的不同而使溶质得到纯化或浓缩的分离技术。萃取分为有机溶剂萃取、双水相萃取及超临界萃取等。

　　有机溶剂萃取是指利用一种溶质组分（如目的物）在两个互不相溶的两相（如水相和有机溶剂相）中溶解度的差异来进行分离的技术。双水相萃取是利用物质在互不相溶的两水相间分配系数的差异来进行萃取的方法。超临界萃取技术是以超临界流体为萃取剂，在临界温度和临界压力附近的状态下，对目的组分进行分离提取的技术。

项目一 概述

　　萃取是利用溶质在互不相溶的两相之间分配系数的不同而使溶质得到纯化或浓缩的分离技术。萃取操作中至少有一相为流体，一般称该流体为萃取剂；萃取所得到的混合物称为萃取相，被萃取出溶质后的原料（液体或固体）称为萃余相。图 3-1 所示萃取示意图表示互不相溶的两个液相，上相（密度较小）为萃取剂（萃取相），一般为有机相，下相（密度较大）为料液（料液相），一般为水相，两相之间可形成界面。两相通过剧烈振荡，在相间浓度差的作用下，料液中的溶质向萃取相扩散，溶质浓度不断降低，而萃取相中溶质浓度不断升高，当两相中的溶质达到分配平衡时，各相中的溶质浓度基本不再改变，如图 3-2 所示。

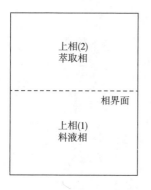

图 3-1　萃取示意图

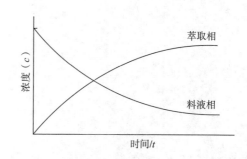

图 3-2　萃取过程中料液相和萃取相溶质浓度的变化

萃取是一种初级分离技术。萃取所得到的萃取相仍是一种均相混合物，通过萃取可以使目的物从较难分离的体系中转化到较易分离的体系中，为目的物的进一步分离纯化提供了条件。萃取是一种扩散分离操作，不同溶质在两相中分配的差异是实现萃取分离的主要因素，分配定律是萃取分离操作的基础。

在恒温恒压条件下，溶质在互不相溶的两相中达到分配平衡时，如果其在两相中的分子形态不变，即分子质量相同，则其在两相中的平衡浓度之比为常数，称为分配系数，用 K 表示。

$$K = \frac{c_2}{c_1}$$

式中　c_1——溶质在下相中的浓度，mol/L

　　　c_2——溶质在上相中的浓度，mol/L

分配定律只有在较低浓度范围内成立，当溶质浓度较高时，分配常数将随浓度改变，随浓度的增大或者升高，或者降低。分配系数是以相同分子形态（分子质量相同）存在于两相中的溶质浓度之比，但在化学萃取中，溶质在各相中并非都以同一种分子形态存在，因此，萃取过程中常用溶质在两相中的总浓度之比表示溶质的分配平衡，该比值也称为分配系数或分配比。

在同一萃取体系内，两种溶质在同样条件下分配系数的比值称为分离因素，可用 β 表示。

$$\beta = K_1/K_2$$

溶质在料液相和萃取相的分配平衡关系是选择液液萃取设备及过程设计的基础，根据溶质的分配系数可以判定萃取剂对溶质的萃取能力，可以用来指导选择合适的萃取溶剂体系。

根据参与溶质分配的两相不同，萃取分为液液萃取和液固萃取。液液萃取是以液体为萃取剂，目标产物的混合物为液态，包括溶剂萃取、双水相萃取等。液固萃取是以液体为萃取剂，目标产物的混合物为固态，也称为浸取。

根据萃取剂的种类和形式不同，分为溶剂萃取、双水相萃取及超临界萃取等。溶剂萃取是指利用一种溶质组分（如目的物）在两个互不相溶的两相（如水相和有机溶剂相）中溶解度的差异来进行分离的技术。双水相萃取是利用物质在互不相溶的两水相间分配系数的差异来进行萃取的方法。超临界萃取技术是以超临界流体作为萃取剂，在临界温度和临界压力附近的状态下，对目的组分进行分离提取的技术。

项目二　有机溶剂萃取

溶剂萃取是指利用一种溶质组分（如目的物）在两个互不相溶的两相（如水相和有机溶剂相）中溶解度的差异来进行分离的技术。所用的萃取剂常为有机溶剂，因此，溶剂萃取又称有机溶剂萃取。有机溶剂萃取是生物产物分离纯化的重要手段，特别适合于非极性或弱极性物质的萃取，具有处理量大、速度快，并且易于实现连续操作和自动化控制等特点。

一、有机溶剂萃取原理

有机溶剂萃取过程如图 3-3 所示，原料液 F 中含有 A、B 两种溶质，将一定量萃取剂 S 加入原料液中，然后搅拌，使原料液与萃取剂充分混合（萃取剂与原料液溶剂互不相溶），溶质通过相界面由原料液向萃取剂中扩散。搅拌停止后，当达到溶解平衡时，两液相因密度不同而分层。上层为轻相，以有机萃取剂为主，溶有较多的目的物 A，同时含有少量溶质 B，为萃取相，用 L 表示；下层为重相，以原溶剂为主，含有较多的溶质 B，且含有未被萃取完的溶质 A，为萃余相，用 R 表示。

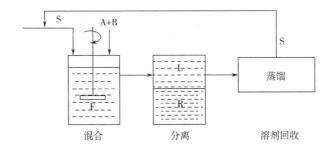

图 3-3　有机溶剂萃取过程示意图

组分 A、B 在达到分配平衡后的分配系数分别为：

$$K_A = \frac{\text{溶质 A 在轻相中的浓度}}{\text{溶质 A 在重相中的浓度}}$$

$$K_B = \frac{\text{溶质 B 在轻相中的浓度}}{\text{溶质 B 在重相中的浓度}}$$

K 值反映了被萃取组分在两相中的分配情况，K 值越大，说明萃取剂对溶质的萃取效果越好。对于 A、B 两种溶质，两者的 K 值相差越大，说明萃取剂对两种溶质的选择性分离越好，选择性可用分离因素 β 表示。

$$\beta = \frac{K_A}{K_B}$$

若 $\beta > 1$，说明组分 A 在萃取相中的相对含量比萃余相中的高，即组分 A、B 得到了一定程度的分离。显然 K_A 值越大，K_B 值越小，β 就越大，组分 A、B 的分离也就越容易。若 $\beta = 1$，表示 A、B 两组分在轻相和重相中的分配系数相同，不能用萃取的方法对 A、B 进行分离。

需要注意的是，以上公式有一定的适用范围：应为稀溶液；被萃取组分对溶剂的相互溶解性没有影响；被萃取组分在两相中必须是相同分子形态，即不发生缔合或解离。

二、有机溶剂萃取工艺流程

萃取工艺一般包括以下 3 个过程：首先，萃取剂和含有组分（或多组分）的原料液充分混合，待分离组分转移到萃取剂中；然后形成互不相溶的两相；最后将萃取剂从萃取相中除去，并加以回收。根据原料液与萃取剂的接触方式，萃取操作流程可分为单级和多级萃取流程，后者又分为多级错流萃取流程和多级逆流萃取流程。

1. 单级萃取流程

只用一个混合器和一个分离器的萃取称为单级萃取。将原料液与萃取剂一起加入萃取器内，搅拌，使两相充分混合，产物由一相转入另一相。经过萃取后的溶液流入分离器分离后得到萃取相和萃余相，最后将萃取相送入回收器，将溶剂与产物进一步分离，回收得到的溶剂仍可作萃取剂循环使用。这种流程比较简单，萃取效率一般不高，产物在水相中含量仍然很高，增加萃取剂的用量会使产品的浓度降低并增加萃取剂回收、处理的工作量。

2. 多级错流萃取流程

多级错流萃取流程是由多个萃取器串联组成，原料液经第一级萃取（每级萃取由萃取器与分离器所组成）后分离成两个相，萃余相依次流入下一个萃取器，再加入新鲜萃取剂继续萃取。萃取相则分别由各级排出，将它们混合在一起，再进入回收器回收溶剂，回收得到的溶剂仍可作萃取剂循环使用，如图 3 - 4 所示。

在多级错流萃取中，由于溶剂分别加入各级萃取器，因此萃取效果较好；缺点是需使用大量溶剂，因而产品浓度低，需消耗较多的能量回收溶剂。

3. 多级逆流萃取流程

在多级逆流萃取中，原料液从第一级萃取器进入，连续通过各级萃取器，最

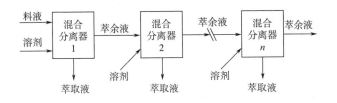

图 3-4　多级错流萃取流程

后从末端排出；萃取剂则从末端进入，通过各萃取器，最后从前端排出。整个过程中，萃取剂与原料液互成逆流接触，故称为多级逆流萃取流程，如图 3-5 所示。

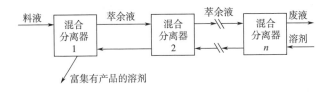

图 3-5　多级逆流萃取流程

3 种萃取流程中，以逆流萃取收率最高，溶剂用量最少，因而被普遍采用。

三、影响溶剂萃取的主要因素

影响溶剂萃取的主要因素有 pH、温度、盐析、时间、带溶剂、乳化等。

1. pH

pH 会影响分配系数，因而对萃取收率影响很大。如萃取弱碱性红霉素，当 pH = 9.8 时，它在乙酸戊酯与水相（发酵液）间的分配系数为 44.7；而在 pH = 5.5 时，红霉素在水相与乙酸戊酯间的分配系数为 14.4。另一方面，pH 对选择性也有影响。如酸性物质一般在酸性条件下可被萃取到有机溶剂中，而碱性杂质则成盐留在水相。如为酸性杂质，则应根据其酸性强弱选择合适的 pH，以尽可能除去。再如，青霉素在 pH = 2 萃取时，醋酸丁酯萃取液中青霉烯酸可达青霉素的 12.5%，而在 pH = 3 萃取时，则可降低至 4%。对于碱性产物则相反。另外，pH 选择还应该考虑目的物的稳定性。

2. 温度

温度对萃取效果也有很大的影响。生物物质在高温下不稳定，故萃取一般应在低温或室温下进行。温度升高，有机溶剂与水之间的互溶度增大，使萃取效果降低；低温会使萃取速度降低，但一般影响不大。

3. 盐析

盐析剂（如氯化钠、硫酸铵等）的影响主要有 3 个方面。盐与水分子结合导致游离水分子减少，降低了溶质在水中的溶解度，使其易转入有机相；盐能降低有机溶剂在水中的溶解度；盐析剂使萃余相相对密度增大，有助于分相。但盐析剂的用量应合理，用量过多也会使杂质转入有机相。

4. 时间

为了减少生物物质在萃取过程中的破坏和损失，应尽量缩短萃取操作的时间。这就需要配备混合效率高的混合器及高效率的分离设备，并保持设备处于良好工作状态，避免在萃取中发生故障，延误操作时间。

5. 带溶剂

有的产物水溶性很强，在有机溶剂中溶解度很小，如采用萃取法来提取，可借助于带溶剂。即使水溶性不强的产物，有时为提高其收率和选择性，也可考虑采用带溶剂。带溶剂能和欲提取的生物物质形成复合物，而易溶于有机溶剂中，且此复合物在一定条件下又容易解离。比如，水溶性较强的碱（如链霉素）可与脂肪酸（如月桂酸）形成复合物而能溶于丁醇、醋酸丁酯、异辛醇中。在酸性条件下（pH5.5~5.7），此复合物解离成链霉素而可转入水相。链霉素在中性条件下能与二异辛基磷酸酯相结合，而从水相萃取到三氯乙烷中，然后在酸性条件下解离，再被萃取到水相。

青霉素作为一种酸，可用有机碱作为带溶剂。它能和正十二烷胺、四丁胺等形成复合物而溶于氯仿中，这样萃取收率能够提高，且可以在较有利的 pH 范围内操作，适用于青霉素的定量测定。这种正负离子结合成对的萃取，也称为离子对萃取。有带溶剂参与的萃取过程，因为有化学反应发生，也称为化学萃取。

6. 乳化与去乳化

乳化是指一相液体以微小的液滴分散到另一相中形成的分散体系。生物样品液经预处理后，虽能除去大部分非水溶性的杂质和部分水溶性杂质，但残留的杂质（如蛋白质等）具有表面活性特点，在进行溶剂萃取时易引起乳化，使有机相与水相难以分层，即使用离心机往往也不能将两相完全分离。有机相中夹带水相，会使后续操作变得困难。而水相中夹带有机相，则意味着产物的损失。因此，在萃取过程中防止乳化和去乳化是非常重要的步骤。

形成乳化的主要原因是表面活性剂的存在，它们聚集在两相的界面上，使表面张力降低，并能在两相界面上形成保护膜。乳浊液通常分为两种：油滴分散在水相称为"水包油（O/W）"型，水滴分散在油中称为"油包水（W/O）"型，发酵液中存在大量蛋白质和某些固体微粒，它们能同时被两相的液体润湿，聚集在两相界面上，起到表面活性剂的作用。发酵液中蛋白质含量增多，表面张力明显下降，发酵液的乳化现象主要是蛋白质体等微粒引起的。

萃取操作中，去乳化方法有加热、加入电解质、吸附过滤及加入去乳化剂等，其中加入去乳化剂是目前主要的去乳化方法。去乳化剂即破乳剂，也是一种表面活性剂，能顶替界面上原来的乳化剂。但由于破乳剂的碳氢链很短，或具有分支结构，不能在相界面上紧密排列成牢固的界面膜，从而使乳状液体的稳定性大大降低，达到去乳化的目的。生产中常用的去乳化剂有十二烷基磺酸钠（SDS）、溴代十五烷基吡啶（PPB）及十二烷基三甲基溴化铵等。

四、 萃取剂的选择

根据目标产物以及与其共存杂质的性质选择合适的有机溶剂，可使目标产物有较高的选择性。根据相似相溶的原理，选择与目标产物极性相近的有机溶剂为萃取剂，可以提高选择性。有机溶剂选择应注重以下要求：价廉易得；与水相不互溶；与水相有较大的密度差，并且黏度小，表面张力适中，相分散和相分离较容易；容易回收和再利用；毒性低、腐蚀性小、闪点低、使用安全；不与目标产物发生反应。

常用的萃取剂大致有以下 4 类：中性络合萃取剂，如醇、酮、醚、酯、醛及烃类等；酸性萃取剂，如羧酸、磺酸、酸性磷酸酯等；螯合萃取剂，如羟肟类化合物；叔胺和季铵盐等。常用于抗生素类生物产物萃取的有机溶剂有丁醇、乙酸乙酯、乙酸丁酯、乙酸戊酯以及甲基异丁基甲酮等。

五、 有机溶剂萃取设备

有机溶剂萃取的特点是对热敏物质破坏少；采用多级萃取时，溶质浓缩倍数和纯度高；便于连续生产，周期短；对设备和安全要求高，需要防火、防爆措施。根据萃取流程，溶剂萃取操作的设备包括混合设备、分离设备与回收设备 3 类。其中回收设备实际上是蒸馏设备，在此不再赘述。

（一）混合设备

1. 搅拌罐

搅拌罐是经典的混合设备，利用搅拌作用将原料液和萃取剂混合，结构简单、操作方便，不足之处是间歇操作、停留时间长、传质效率较低。

2. 管式混合器

管式混合器使两相液体以一定流速在管道中形成湍流状态，以达到混合的目的，效率高于搅拌罐，能够连续加工。

3. 喷嘴式混合器

工作流体在一定压力下经过喷嘴以高速射出，当流体流至喷嘴时速度增大，压力降低而产生真空区，将第二种液体吸入达到混合的目的。体积小、结构简单与使用方便是其优点，但也存在产生的压力差小、功率低及会使液体稀释等缺点，应用受一定限制。

4. 气流搅拌混合罐

将空气通入液体介质，借鼓泡作用发生搅拌，方法简单，适用化学腐蚀性强的液体，不适用于挥发性强的液体。

（二）分离设备

溶剂萃取中的两相液体因其相对密度不同，在离心力作用下能实现较好分离，目前使用的离心设备有如下几种。

（1）碟片式离心机　转速在4000～6000r/min。

（2）筒式离心机　转速在10000r/min以上。

（3）倾析式离心机　主要用于固体含量较多的发酵液。可同时分离重液、轻液和固体的三相倾析式离心机已在生物制药行业中使用。

（三）兼有混合与分离功能的设备

1. 转筒式离心萃取器

重液和轻液由底部的三通管并流进入混合室，在搅拌桨的剧烈搅拌下，两相充分混合进行传质，然后共同进入高速旋转的转筒。在转筒中，混合液在离心力的作用下，重相被甩向转鼓外缘，而轻相则被挤向转鼓的中心。两相分别经轻、重相堰，流至相应的收集室，并经各自的排出口排出。

特点：结构简单、效率高、易于控制、运行可靠，如图3-6所示。

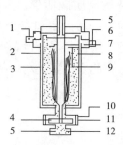

图3-6　转筒式离心萃取器结构示意图

1—重相出口　2—转鼓　3—套筒　4—搅拌桨　5—重相收集室　6—轻相出口　7—轻相收集室

8—重相堰　9—轻相堰　10—导向挡板　11—混合挡板　12—重相出口

2. 路威斯特离心萃取器

该萃取器的主体是固定在壳体上并随之做高速旋转的环盘。壳体中央有固定不动的垂直空心轴，轴上也装有圆形盘，盘上开有若干个喷出孔，原料液与萃取剂均由空心轴的顶部加入，重液沿空心轴的通道流下至器底而进入第三级的外壳内，轻液由空心轴的通道流入第一级。在空心轴内，轻液与来自下一级的重液相混合，再经空心轴上的喷嘴沿转盘与上方固定盘之间的通道被甩至外壳的四周。重液由外部沿转盘与下方固定盘之间的通道而进入轴的中心，并由顶部排出，其流向为由第三级经第二级再到第一级，然后进入空心轴的排出通道，如图3-7中实线所示；轻液则由第一级经第二级再到第三极，然后进入空心轴的排出通道，如图 3 - 7 虚线所示，两相均由器顶排出。主要用于制药工业，处理能力 7 ~ 49m³，在一定条件下，效率可达 100%。

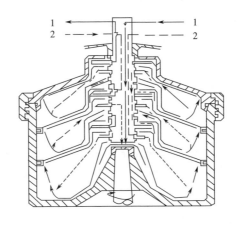

图 3 - 7　路威斯特离心萃取器结构示意图

1—重液　2—轻液

3. 薄膜萃取器

　　由一水平转轴和随其高速旋转的圆形转鼓以及固定的外壳所组成，在转鼓内，装有带筛孔的狭长金属带卷制而成的螺旋圆筒或多层同心圆管。运行时，其转速一般为 2000 ~ 5000r/min。在转鼓内形成较强的离心力场。轻相液体由转轴中心通道引至转鼓的外缘，而重相液体由另一转轴中心通道进入转鼓内缘，并在径向穿过筒体层的筛孔向外缘沉降，在环隙间与轻相接触，进行传质过程，直到转鼓的外缘，由导管引至轴上重相排出通道而排出。而轻相液体则相反，在离心力场中犹如在重力场中受到浮力一样，在离心力作用下，在径向"浮升"，穿过层层带孔的筒体向中心运动。最后到达转鼓的内缘分相后，由轻相排出口引出。薄膜萃取器结构示意图如图 3 - 8 所示。

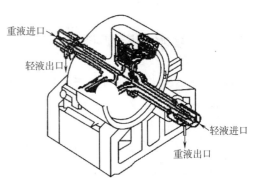

图 3 - 8　薄膜萃取器结构示意图

　　带筛孔的圆形筒体恰似无溢流筛板一样，既有溢流功能，也有分散作用，改善了流动的状态。由于高速旋转，使得离心力远大于重力，从而提高了设备处理能力。因此，薄膜萃取器处理能力大、效率较高、结构紧凑、占地面积小，但能耗也大、结构复杂、设备费及维修费用高。适用于两相密度差小、易乳化的情况。

（四）萃取设备的选择

萃取设备类型很多，特点各异，必须根据具体分离对象、分离要求和客观条件来选用。选择的总体原则是：在满足工艺条件和工艺要求的前提下，使生产成本趋于最低。具体应考虑以下一些因素。

1. 生产能力

当处理量较小时，可选用填料塔、脉冲塔；当处理量较大时，可选用筛板塔、转盘塔、混合澄清器及离心萃取器。

2. 物系的物理性质

对界面张力较小、密度差较大的物系，可选用无外加能量的设备；对密度差小、界面张力小、易乳化的难分层物系，应选用离心萃取器；对有较强腐蚀性的物系，宜选用结构简单的填料塔或脉冲填料塔；对于放射性元素的提取，脉冲塔和混合澄清器用得较多；若物系中有固体悬浮物或在操作过程中产生沉淀物时，需同期停工清洗，一般可采用转盘萃取塔或混合澄清器。另外，往复筛板塔和液体脉动筛板塔有一定的自清洗能力，在某些场合也可考虑选用。

3. 物系的稳定性和液体在设备内的停留时间

在实际生产中要考虑物料的稳定性，并要求在萃取设备内停留时间短的物系，如抗生素的生产，用离心萃取器合适；若萃取物系中伴有缓慢的化学反应，要求有足够的反应时间，则选用混合澄清器为适宜。

4. 其他

在选用设备时，还需考虑其他一些因素，如，能源供应状况，在缺电的地区应尽可能选用依重力流动的设备；当厂房地面受到限制时，宜选用塔式设备，而当厂房高度受到限制时，应选用混合澄清器。

项目三　双水相萃取技术

有机溶剂萃取已广泛应用于生物产品的分离，但对于那些亲水性强、不溶于有机溶剂的生物产品或在有机溶剂中容易变性失活的产品（如蛋白质）就很难进行萃取。1896 年，Beijerinck 发现，当明胶与琼脂或明胶与可溶性淀粉溶液相混合时，得到一个浑浊不透明的溶液，随之分为两相，上相富含明胶，下相富含琼脂（或淀粉），这种现象称为聚合物的不相溶性，而这上、下两相中水分都占很大比例（85%～95%），称为双水相系统。1956 年，Albertson 第一次用双水相萃取技术成功提取生物物质，为蛋白质特别是胞内蛋白质的分离纯化开辟了新途径。

不同高分子化合物溶液相互混合可形成两相或多相系统，常见的如葡聚糖（Dextran）与聚乙二醇（PEG）按一定比例与水混合后，溶液先呈浑浊状态，静止平衡后，逐渐分成互不相溶的两相，上相富含 PEG，下相富含葡聚糖，类似的双水相系统已有很多。利用物质在互不相溶的两水相间分配系数的差异来进行萃取的方法称为双水相萃取法。

一、 双水相萃取的原理

（一）基本原理

与普通萃取原理相似，双水相萃取也主要是依据物质在互不相溶的两相中的分配差异来进行分离的，由于萃取体系性质的不同，物质进入双水相体系后，当两种聚合物水溶液混合时，生物分子的分配系数主要取决于溶质与双水相系统间的各种相互作用，其中主要有静电作用、疏水作用和生物亲和作用等。因此，分配系数是各种相互作用和的体现。

一般情况下，当两种聚合物间存在较强的引力时，混合后它们相互结合而存在于同一相中；或当两种聚合物间不存在较强的引力或斥力时，两种可相互混溶于同一相中。而当两种聚合物间存在较强的斥力，混合后由于相互排斥作用而形成两相，这种现象称为聚合物的不相溶性。

当混合液中的溶质与上相聚合物的亲和力较强时，则在上相中的分配就较多，反之则在下相分配较多；由于不同溶质与两种聚合物的相溶性有所不同，其各自的分配系数也就不同，因而可产生分离，此即双水相萃取。聚合物的不相溶性在许多聚合物分子间都存在。此外，由于盐析作用，聚合物与盐类溶液也能形成双水相。

（二）双水相萃取体系的形成

双水相萃取中使用的双水相是由两种互不相溶的高分子溶液或者互不相溶的盐溶液和高分子溶液组成。常用的有高聚物－高聚物双水相体系，如聚乙二醇（PEG）/葡聚糖体系。高聚物－无机盐双水相体系，如聚乙二醇/无机盐（硫酸盐、磷酸盐等）体系。除高聚物、无机盐外，能形成双水相体系的物质还有高分子电解质、低分子质量化合物、表面活性剂等。

1. 高聚物－高聚物（双聚合物）双水相的形成

在大多数情况下，如果两种亲水性聚合物混合溶于水中，低浓度时可以得到均匀单相液体体系，随着各自浓度的增加，溶液会变得浑浊，当各自达到一定浓度时，就会产生互不相溶的两相，高聚物分别溶于互不相溶的两相中，两相中都以水分为主，从而形成高聚物－高聚物双水相体系。只要两种聚合物水溶液的水溶性有一定差异，混合时就会发生相分离，并且水溶性差别越大，相分离倾向也就越大。如用等量的1.1%右旋糖酐溶液和0.36%甲基纤维素溶液混合，静置后产生两相，上相中含右旋糖酐0.39%，含甲基纤维素0.65%；而下相含右旋糖酐1.58%，含甲基纤维素0.15%。一般认为，当两种不同结构的高分子聚合物之间的排斥力大于吸引力时，聚合物就会发生分离，达到平衡后，即形成两相。

2. 高聚物－无机盐双水相的形成

聚合物溶液与一些无机盐溶液相混合，浓度达到一定的范围时，也可形成双水相。例如，聚乙二醇（PEG）/磷酸钾、PEG/磷酸铵、PEG/硫酸钠等常用于生物产物的双水相萃取。PEG/无机盐系统的上相富含PEG，下相富含无机盐。

3. 几种典型的双水相系统

几种典型的双水相系统见表3－1。

表3－1　　　　　　　　　　　　几种典型的双水相系统

轻相化合物	重相化合物
聚丙二醇	葡聚糖、聚乙二醇、聚乙烯醇
聚乙二醇	葡聚糖、聚乙烯醇、聚乙烯吡咯烷酮、羟丙基淀粉
羧甲基葡聚糖钠盐	羧甲基纤维素钠盐
聚乙二醇	硫酸钾、磷酸钾、硫酸钠、硫酸铵

两相系统的选择必须有利于目的物的萃取和分离，同时又要兼顾聚合物的物理性质。如甲基纤维素和聚乙烯醇，因其黏度太高而限制了它们的应用。PEG和葡聚糖因其无毒和良好的可调性而得到广泛应用。

二、双水相萃取的工艺流程

（一）双水相萃取的工艺流程

双水相萃取的工艺流程主要由目的产物萃取、PEG的循环和无机盐的循环3部分构成。双水相萃取蛋白质的工艺流程如图3－9所示。

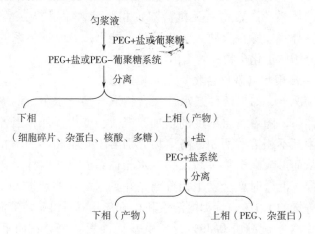

图3－9　双水相萃取蛋白质流程图

1. 目的物的萃取

细胞悬浮液经细胞破碎后，与 PEG 和无机盐或葡聚糖在萃取器中混合分相。通过选择合适的双水相组成，一般使目标蛋白质分配到上相（PEG 相），而细胞碎片、核酸、多糖和杂蛋白等分配到下相（富盐相）。

第二步萃取是将目的蛋白转入富盐相，方法是在上相中加入盐，形成新的双水相体系，从而将蛋白质与 PEG 分离，以利于使用超滤或透析将 PEG 回收利用和目标产物的进一步加工处理。若第一步萃取选择性不高，即上相中还含有较多杂蛋白及一些核酸、多糖和色素等，可通过加入适量的盐，再次形成 PEG – 无机盐体系进行纯化。目标蛋白质仍留在 PEG 相中。

2. PEG 的循环

在大规模双水相萃取过程中，成相材料的回收和循环使用不仅可以减少废水处理的费用，还可以节约化学试剂，降低成本。PEG 的回收有两种方法：一种是加入盐，使目标蛋白质转入富盐相，再分离、回收 PEG；另一种是将 PEG 相通过离子交换树脂，用洗涤剂先洗去 PEG，再洗出蛋白质。所得 PEG 可循环利用。

3. 无机盐的循环

将含无机盐相冷却、结晶，然后用离心机分离收集。其他方法有电渗析法、膜分离法回收盐类或除去 PEG 相的盐。工业上一般先用超滤等方法浓缩发酵液，再用双水相萃取酶和蛋白质，这样能提高对生物活性物质的萃取效率。

（二）影响双水相萃取的因素

生物物质在双水相中的分配系数主要由静电作用、疏水作用、生物亲和力、蛋白质的构象效应所决定，这些因素包括成相高聚物的种类与浓度、高聚物的亲和基团、盐的种类和浓度以及温度等。

1. 成相聚合物的分子质量和浓度

成相聚合物的分子质量大小会影响分配系数。其他条件不变，当聚合物分子质量降低时，蛋白质易分配于富含聚合物的相。例如在 PEG – 葡聚糖系统中，使用较小分子质量的 PEG，会使分配系数增大，而葡聚糖的分子质量减小，会使分配系数降低。当成相聚合物浓度接近临界点时，蛋白质均匀地分配于两相，分配系数接近于 1。如成相聚合物的总浓度或聚合物/盐混合物的总浓度增加时，系统远离临界点，此时两相性质的差别也增大，蛋白质趋向于向一侧分配，即分配系数或增大超过 1，或减小低于 1，系统的表面张力也增加。

2. 盐的影响

盐的种类和浓度对双水相萃取的影响体现在两个方面。一方面由于盐正负离子在两相间分配系数不同，各相应保持电中性，因而在两相间形成电位差，这对带电生物大分子，如蛋白质和核酸等的分配产生很大影响。如在 8% 聚乙烯二醇 – 8% 葡聚糖、pH6.9 的体系中，溶菌酶带正电荷分配在上相，卵蛋白带负电荷分配在下相。当加入 NaCl 且其浓度低于 50mmol/L 时，上相电位低于下相电位，使溶菌酶的分配系数增大，而卵蛋白的分配系数减小。由此可见，加入适当的盐会大大促进带相反电荷的两种蛋白质的分离。另一方面，当盐浓度很大时，由于盐析作用，蛋白质易分配于上相，分配系数几乎随盐浓度增大而成指数增加，各种蛋白质分配系数增大的程度有差异，利用此性质，可使不同蛋白质相互分离。

3. pH

pH 会影响蛋白质可解离基团的解离度，因而改变蛋白质所带电荷和分配系数。pH 的微小变化有时会使蛋白质的分配系数改变 2~3 个数量级。

4. 温度

温度影响成相聚合物在两相的分布，特别在临界点附近，因而也影响分配系数。但是当离临界点较远时，这种影响较小。大规模生产中，有时采用较高温度，这是由于成相聚合物对蛋白质有稳定作用，因而不会引起损失，同时在温度高时，黏度较低有利于相的分离操作。

（三）双水相萃取的特点

双水相体系中两相的含水量一般都在 80% 左右，界面张力远低于水-有机溶剂两相体系，整个操作过程在室温下进行，相分离过程非常温和，分相时间短，大量杂质能与所有固体物质一起去掉，大大简化分离操作过程。萃取是在接近生物物质生理环境的条件下进行，故而不会引起生物活性物质失活或变性。通过选择适当的双水相体系，一般可获得较大的分配系数，也可调节被分离组分在两相中的分配系数，使目标产物有较高的收率。双水相萃取易于放大，各种参数可以按比例放大而产物收率并不降低，易于与后续提纯工序直接相连接，这对于工业生产来说尤其有利；其次是萃取不存在有机溶剂残留问题。高聚物一般是不挥发性物质，因而操作环境对人体无害；双水相萃取处理容量大，主要成本消耗在聚合物的使用上，而聚合物的循环使用，使得生产成本较低。

（四）双水相萃取的应用

目前，双水相萃取技术主要用于提取基因工程药物、抗生素以及从天然植物中提取有效成分等。这些药物通常是经生物合成而得到的，其目的产物在转化液中的浓度很低，且对温度、酸、碱和有机溶剂较为敏感，容易失活和变性，若以常规分离手段处理，产品的收率较低且纯度不高，而双水相萃取技术可以保证产物在温和的条件下得以分离和纯化。例如，用 PEG4000-磷酸盐从重组大肠杆菌（*E. Coli*）碎片中提取人生长激素（hGH），采用三级错流连续萃取，处理量为 15L/h，收率达 80%。

多数抗生素都存在于发酵液中，提取工艺路线复杂，提取过程易变性失活，用双水相萃取技术处理可取得比较理想的效果。如对青霉素的双水相萃取，先以

PEG 2000/（NH$_4$）$_2$SO$_4$系统将青霉素从发酵液中提取到 PEG 相，后用乙酸丁酯进行反萃取，再结晶。处理 1000mL 青霉素发酵液可得青霉素晶体 7.228g，纯度84.15%，3 步操作总收率 76.56%。与传统工艺相比，它可直接处理发酵液，免去了发酵液过滤和预处理，减少了溶剂用量，缩短了工艺流程。另外，利用双水相萃取还可对天然植物药用有效成分进行分离与提取。例如对黄芩苷和黄芩素的分离，由于黄芩苷和黄芩素都有一定的憎水性，在 PEG 6000/K$_2$HPO$_4$ 系统中主要分配在富含 PEG 的上相，且两种物质分配系数分别为 30 和 35。两者分配系数都随温度升高而降低，但黄芩苷的降幅比黄芩素大。通过适当方法去掉溶液中的 PEG，浓缩结晶可得到黄芩苷和黄芩素。

项目四 超临界萃取技术

超临界萃取技术是以超临界流体作为萃取剂，在临界温度和临界压力附近，对目的组分进行分离提取的技术。超临界萃取技术是 20 世纪 70 年代兴起的一种流体分离技术，主要是利用二氧化碳等流体在超临界状态下特殊的性质，对物质中的某些组分进行提取和分离。超临界萃取与传统的萃取技术相比，具有萃取产物不含或极少含有机溶剂，萃取温度低，能较好地保持产品的生物活性等特点，近年来在生物分离中得到广泛应用。

一、超临界流体

（一）超临界流体

物质存在三种相态，即气相、液相和固相，三相平衡共存的点称为三相点。当高于某一温度（T）时，无论施加多大压力（P）也不能使气体液化，这一温度称为临界温度（T_c）；在此临界温度，液体气化所需的压力称为临界压力（P_c）。当物质的温度超过临界温度，压力超过临界压力之后，物质的聚集状态介于气态和液态之间。临界点的物质处于气、液不分的混合状态，既有气体的性质，又有液体的性质，成为非凝缩性的高密度流体，称为超临界流体（Supercritical fluid, SCF，图 3 - 10）。

（二）超临界流体的性质

超临界流体最重要的参数包括密度和黏度，这二者和超临界流体的溶解能力、溶解速度密切相关，因而直接影响着超临界流体萃取的效率和选择性。

密度：流体的密度和流体的溶解能力有关。密度越大，其溶解能力越强，超临界流体密度接近于液体，因此，对固体、液体的溶解能力也接近于液体。

黏度：超临界流体的黏度决定了流体的扩散性和渗透性。黏度越小，流体的

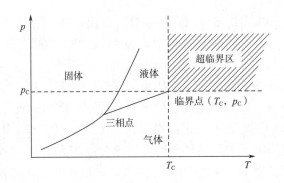

图 3 – 10　物质三相图

渗透性越强，在萃取过程中能尽快达到传质平衡，从而实现高效率分离。超临界流体的黏度接近于气体，因此，其萃取效率极高。

　　超临界流体溶解能力随着温度和压力的变化而变化。升高压力或降低温度可使超临界流体密度升高；降低压力或升高温度可使超临界流体密度降低。在临界点附近，温度和压力的微小变化，都会引起密度和溶解能力的显著变化。因此，可通过控制温度或压力的方法达到高效萃取的目的。萃取时，降低温度或升高压力，使目的组分溶出，然后升高温度或降低压力使萃取物分离析出。

（三）超临界萃取原理

　　超临界流体的特性对压力和温度的变化非常敏感，在温度不变的条件下，压力增加其密度增加，其溶解度随之增加，压力不变的情况下，温度升高，密度降低，溶解度随之下降，超临界流体萃取正是利用这种性质，在较高压力下，将溶质溶解于流体中，然后降低流体压力或升高流体温度，使溶解的溶质析出，从而实现特定溶质的萃取。

（四）超临界流体的选择

　　使用超临界流体来萃取，必须根据分离对象与要求的不同选择超临界流体，超临界流体的选择应遵循以下原则。

　　（1）超临界流体对待分离组分具有较高的溶解度和良好的选择性。

　　（2）化学性质稳定，不与溶质发生化学反应，不腐蚀设备。

　　（3）临界温度不能太低或太高，最好接近室温或操作温度。

　　（4）临界压力不能太高。

　　（5）容易获得，价格便宜。

　　（6）操作温度应低于被萃取溶质的分界温度或变质温度。

　　（7）在医药、食品等行业中使用的超临界流体必须对人体没有任何毒性。

　　可作为超临界流体的物质很多，如二氧化碳、一氧化碳、六氟化硫、乙烷、庚烷、氨等。二氧化碳临界温度较低，接近常温（31.1℃），临界压力不是太高（7.2MPa），便于在室温和可操作的压力（8~20MPa）下操作，并且无毒、化学稳定性高、价格低廉，所以，二氧化碳是最常见的超临界流体萃取剂。

二氧化碳是一种非极性物质，易于萃取弱极性或亲油性的小分子物质。

二、超临界流体萃取工艺

（一）超临界流体萃取工艺流程

影响物质在超临界流体中溶解度的主要因素为温度和压力，所以可通过调节温度和压力来实现萃取操作。超临界流体萃取设备通常由溶质萃取槽和萃取溶质的分离回收槽构成，分别相当于萃取和反萃取单元。根据萃取过程中超临界流体的状态变化和溶质的分离回收方式不同，超临界流体萃取操作主要分为等温法、等压法和吸附（吸收）法，如图3-11所示。

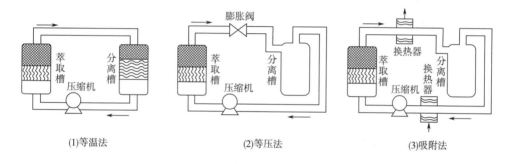

图3-11　超临界流体萃取操作方式

等温法通过改变操作压力实现溶质的萃取和回收，操作温度保持不变。溶质在萃取槽中被高压（高密度）流体萃取后，流体经过膨胀阀而使压力下降，溶质的溶解度降低，在分离槽中析出，萃取剂则经压缩机压缩后返回萃取槽循环使用。在超临界流体的膨胀和压缩过程中会产生温度变化，所以在循环流路上需设置换热器。

等压法通过改变操作温度实现溶质的萃取和回收。如果在操作压力下溶质的溶解度随温度升高而下降，则萃取流体经加热器加热后进入分离槽，析出目标溶质，萃取剂则经冷却器冷却后返回萃取槽循环使用。吸附（吸收）法则是通过吸附（吸收）剂选择性吸附（或吸收）目标产物，这有利于提高萃取的选择性。

（二）影响超临界萃取的因素

1. 萃取剂

CO_2超临界流体属非极性物质，根据"相似相溶"理论，其对非极性物质的萃取效果较好。为使其对极性物质也有较好的萃取能力，一般通过添加少量具有一定极性且能与 CO_2 超临界流体互溶的携带剂来增加超临界流体的极性。常用的携带剂有甲醇和乙醇，使用量控制在5%（质量分数）以内。

2. 固体原料粒度

待萃取固体原料粒度越小，超临界流体越易进入原料内部，萃取越完全。但过小的粒度可能会引起萃取过程中颗粒黏结结块，反而影响流体渗透和溶解速度。一般控制在 20～80 目为宜。

3. 萃取温度

温度对萃取的影响主要体现在两个方面：温度降低，溶解能力增大。但温度降低可能会导致溶质在超临界流体中的溶解度降低。因此，在等压萃取中，要选择最适萃取温度。另外，根据超临界流体的性质，温度控制在临界点附近最为经济。

4. 压力

压力增加，超临界流体的密度增加，溶解能力相应增加。同样，压力控制在临界点附近最为经济。

5. 萃取剂流速

一般情况下，萃取剂通过萃取物中的流速越大，传质推动力越大，萃取越完全。但过高的流速可能会使萃取剂还未与原料充分接触就已流过，导致萃取不完全。

（三）超临界萃取技术的应用

超临界流体萃取的能力取决于流体的密度，而密度容易通过调节温度和压力来加以控制。超临界流体萃取中的溶剂回收很简便，并能大大节省能源。被萃取物可通过等温减压或等压升温的办法与萃取剂分离，而萃取剂只需重新压缩便可循环使用。超临界流体萃取工艺可以在低温下操作，因此特别适合于热稳定性较差的物质。同时产品中无其他物质残留。因此，超临界流体萃取特别适用于提取或精制热敏性和易氧化的物质。超临界流体萃取的主要缺点是由于高压带来的高昂设备投资和维护费用。

在抗生素生产中，传统方法常用到丙酮、甲醇等有机溶剂，但要将溶剂完全除去又不使药物变质比较困难，若采用超临界萃取技术则完全可以达到要求。采用超临界技术从银杏叶中提取银杏黄酮，从鱼体中提取多烯不饱和脂肪酸（DHA、EPA），从沙棘籽中提取沙棘油，从蛋黄中提取卵磷脂等，已有广泛应用。用超临界萃取技术萃取香料，不仅可以提高产品纯度，还能保持其天然香味。如从桂花、茉莉花、菊花、梅花、玫瑰花中提取花香精，从胡椒、肉桂、薄荷中提取香辛料，从芹菜籽、生姜、茴香、砂仁、八角、孜然等原料中提取精油，不仅可以用作调味香料，有的还具有较高的药用价值。

【思考题】

1. 简述溶剂萃取、双水相萃取和超临界萃取的萃取原理。
2. 简述超临界流体的特点及超临界萃取技术的应用。

实训案例2　双水相萃取分离酿酒酵母中的延胡索酸酶

一、实训目的

1. 掌握双水相萃取的原理和方法。
2. 熟悉双水相萃取过程中萃取条件的控制。

二、实验原理

延胡索酸酶双水相分离纯化的一般过程如下。

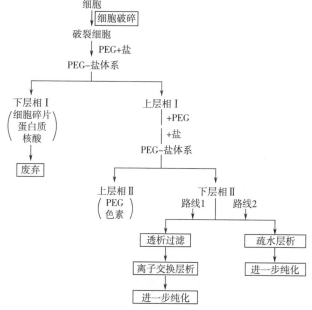

延胡索酸酶提取过程中，含有细胞碎片等富含盐的下层相Ⅰ将被丢弃，而PEG富集的上层相Ⅰ中含有所需要的酶。含有酶的一相，因为其黏度太高，不能直接用柱层析技术分离提纯，引入酶液的PEG必须除去。在PEG富集的上层相中加入盐可产生一个新的相系，使所要的酶转移至下层盐相中。在第一步提取过程中，通过离心或分离器被分配至上层相Ⅰ中的蛋白，可用加入合适浓度的盐以形成第二个两相系的方法而得到进一步纯化。

三、实训材料

1. 设备

高压匀浆器（100MPa），离心机（4000r/min），刻度离心管。

2. 试剂

100mmol/L 磷酸钾缓冲液（pH 为 7.5），聚乙二醇（PEG1500），磷酸钾溶液（pH 为 8.0），NaCl，酿酒酵母细胞等。

四、实验步骤

1. 样品处理

将酿酒酵母细胞悬浮于 100mmol/L 磷酸钾缓冲液中，pH 为 7.5，获得 40%（质量分数）的细胞悬浮匀浆液，调节匀浆液 pH 至 7.5。用标准方法测定酶的活性（U/mL），并计算匀浆的比活性（U/mg）。

2. 提取

在处理量为 10g 的标准体系中，提取时各种物质的加入量参照下表。

质量分数/%	物质	加入量/g
50	匀浆（40%，质量分数）	5.0
17	聚乙二醇（PEG1500）	1.7
7	磷酸钾（pH 为 8.0）	0.7
26	去离子水	2.6
合计 100	—	10.0

混合均匀后，以 2000r/min 离心 5min，观察分离的两相，分别测定两相中酶的浓度、上层相和下层相的体积以及两相的 pH。

3. 纯化

第一步提取后，目标产物主要在上层 PEG 相中，为了将延胡索酸酶从 PEG 富集相转移至盐富集的下层相，可在其中加入少量的 NaCl 从而形成新的双水相体系，静置 30~90min 即可获得明显分离的两相。各种物质的加入量如下表所示。

质量分数/%	物质	加入量/g
60	上层相 I	5.0
7	磷酸钾盐（pH 为 7.0）	1.7
0.5	NaCl	0.7
32.5	去离子水	3.25
合计 100	—	10.0

4. 测定

观察分离的两相，分别测定两相中酶的浓度，上层相和下层相的体积以及两相的 pH。

五、讨论

1. 记录提取过程测定的两相中酶的浓度、上层相和下层相的体积以及两相的

pH。注意：5g匀浆的体积一般为4.7mL或4.8mL，而不是5mL。

2. 如果相体系的体积比不是最佳（2/3上层相，1/3下层相）或上层相中酶的收率低于90%，可以改变下列因素进一步优化：匀浆的量、PEG1500的量、磷酸钾的量。

模块三

固相析出分离法

在生物提取和纯化的整个过程中，目的物经常作为溶质而存在于溶液中，改变溶液条件，使它以固体形式从溶液中分离出的操作技术称为固相析出分离法。固相析出分离法主要包括盐析法、有机溶剂沉淀法、等电点沉淀法、结晶法及其他多种沉淀方法等。

固相析出分离法是较古老的纯化生化物质的方法，目前仍在工业和实验室中广泛应用，不仅适用于抗生素、有机酸等小分子物质的分离，在蛋白质、酶、多肽、核酸和其他细胞组分的回收和分离中应用也很多。一般析出物为晶体时称为结晶法，析出物为无定形固体称为沉淀。该方法具有设备简单、经济和浓缩倍数高等优点。

固相析出分离法主要包括盐析法、有机溶剂沉淀法、等电点沉淀法、结晶法及其他多种沉淀方法等。利用沉析试剂可以使需提取的生化物质析出，有时也可使杂质组分在溶液中溶解度降低而析出。发酵生产过程中，固相析出操作常在发酵液经过滤或离心（除去不溶性杂质及细胞碎片）以后进行，得到的沉析物可直接干燥制得成品或经进一步提纯，如透析、超滤、层析或结晶制得高纯度生化产品。

项目一 盐析

蛋白质等生物大分子物质在较高浓度中性盐存在下，在水溶液中的溶解度降低而产生沉淀的现象称为盐析。盐析主要适用于蛋白质（酶）等生物大分子物质分离。盐析法是一种经典的分离方法，目前广泛用来回收或分离蛋白质。盐析法具有经济、简便、安全、较少引起变性等优点，不足之处是分辨率不够高、分离物中的中性盐须除去等。除盐的方法有超滤、透析、凝胶过滤和将沉淀重新溶解后再用有机溶剂沉淀除盐等。

一、基本原理

蛋白质等生物大分子物质以一种亲水胶体形式存在于水溶液中，无外界影响时，呈稳定的分散状态，其主要原因是：第一，蛋白质为两性物质，一定 pH 条件下，表面显示一定的电性，由于静电斥力作用，使分子间相互排斥；第二，蛋白质分子周围，水分子呈有序排列，在其表面上形成了水合膜，水合膜层能保护蛋白质粒子，避免其因碰撞而聚沉。

当向蛋白质溶液中逐渐加入中性盐时，会产生两种现象：低盐情况下，随着中性盐离子强度的增加，蛋白质溶解度增大，称为盐溶现象。但是，在高盐浓度时，蛋白质溶解度随之减小，发生盐析作用。产生盐析作用的一个原因是由于盐离子与蛋白质表面具相反电性的离子基团结合，形成离子对，因此盐离子部分中和了蛋白质的电性，使蛋白质分子之间静电排斥作用减弱而能相互靠拢、聚集起来。盐析作用的另一个原因是由于中性盐的亲水性比蛋白质大，盐离子在水中发生水合作用较强而使蛋白质脱去了水合膜，暴露出疏水区域，由于疏水区域的相互作用，使其沉淀。图 4 - 1 中，水溶液中 NH_4^+、SO_4^{2-} 与蛋白质表面具相反电性的离子基团结合，形成离子对。

盐析理论认为，蛋白质在水中的溶解度不仅与中性盐离子的浓度有关，还与离子所带电荷数有关，高价离子影响更显著，通常用离子强度来表示离子对盐析的影响。在多数情况下，尤其是在生产中，往往是向提取液中加入固体中性盐或其饱和溶液，以改变溶液的离子强度（温度及 pH 基本不变），使目标物或杂蛋白沉淀析出。溶解度剧烈

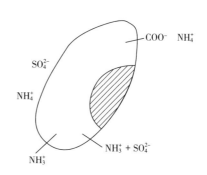

图 4 - 1　蛋白质分子与 NH_4^+、SO_4^{2-} 的相互作用

下降易产生共沉淀现象，故盐析法分辨率不高，多用于提取液的前期分离工作。

二、 盐析用盐的选择

按照盐析理论，离子强度对蛋白质等溶质的溶解度起着决定性的影响。但在相同的离子强度下，离子的种类对蛋白质的溶解度也有一定程度的影响。各种蛋白质分子与不同离子结合力的差异和盐析过程中的相互作用，使盐析行为变得很复杂。一般情况下，半径小的高价离子在盐析时的作用较强，半径大的低价离子作用较弱。选用盐析用盐要考虑以下几个主要问题，见表4－1。

（1）盐析作用要强，一般来说多价阴离子的盐析作用强，有时多价阳离子反而使盐析作用降低。

（2）盐析用盐须有足够大的溶解度，且溶解度受温度影响应尽可能小。这样便于获得高浓度盐溶液，有利于操作，尤其是在较低温度下的操作，不致造成盐结晶析出，影响盐析效果。

（3）盐溶液密度不高，以便蛋白质沉淀的沉降或离心分离。

（4）盐析用盐在生物学上是惰性的。

（5）来源丰富、经济。

表4－1　　　　　　　　　　　　常见的盐析用盐的有关特性

盐的种类	盐析作用	溶解度	溶解度受温度影响	缓冲能力	其他性质
硫酸铵	大	大	小	小	含氮，便宜
硫酸钠	大	较小	大	小	不含氮，较贵
磷酸盐	小	较小	大	大	不含氮，贵

下面列出两类离子盐析效果强弱的经验规律。

阴离子：$SO_4^{2-} > F^- > IO_3^- > H_2PO_4^- > Ac^- > BrO_3^- > Cl^- > ClO_3^- > Br^- > NO_3^- > ClO_4^- > I^- > CNS^-$。

阳离子：$Al^{3+} > H^+ > Ba^{2+} > Sr^{2+} > Ca^{2+} > Mg^{2+} > Cs^+ > Rb^+ > NH_4^+ > K^+ > Na^+ > Li^+$。

硫酸铵具有盐析效应强、溶解度大且受温度影响小等特点，在盐析中使用最多。在25℃时，1L水中能溶解767g硫酸铵固体，相当于4mol/L的浓度。该饱和溶液的pH在4.5～5.5。使用时多用浓氨水调整到pH7左右。盐析要求很高时，则可将硫酸铵进行重结晶，有时还需通入H_2S以去除重金属。但硫酸铵有如下缺点：硫酸铵的腐蚀性强、后处理困难、有毒，在最终产品中必须完全除去。

硫酸钠和氯化钠也常用于盐析。硫酸钠溶解度较低，尤其在低温下，例如，在0℃时仅138g/L，30℃时上升为326g/L，增加幅度为137%（表4－2），它的优点是不含氮，但因溶解度原因，应用远不如硫酸铵广泛。

表4-2			不同温度下硫酸钠的溶解度			
温度/℃	0	10	20	25	30	32
溶解度/（g/L）	138	184	248	282	326	340

磷酸盐、柠檬酸盐也较常用，且有缓冲能力强的优点，但因其溶解度低，易与某些金属离子生成沉淀，应用不如硫酸铵广泛。

三、影响盐析的因素

（一）溶质种类的影响

不同溶质的盐析行为不同。以人血浆蛋白为例，常见的几种血浆蛋白析出时所需硫酸铵的离子强度见图4-2。图中S为蛋白质的溶解度。

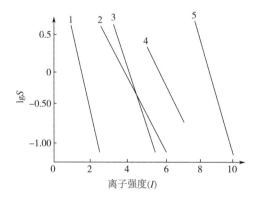

图4-2　常见的几种血浆蛋白质析出时所需硫酸铵的离子强度
1—纤维蛋白原　2—血红蛋白　3—拟球蛋白　4—血清白蛋白　5—肌红蛋白

可以看出，对于相同的盐，不同种类的蛋白质，其盐析行为有较大差异。这也为进行分步盐析提供了依据。以人血浆蛋白质（蛋白质浓度1%～2%）分步分离为例，分步盐析结果见表4-3。

表4-3	血浆蛋白质的分步盐析结果		
硫酸铵饱和度/%	沉淀的蛋白质	硫酸铵饱和度/%	沉淀的蛋白质
20	纤维蛋白原	50～65	白蛋白
28～33	优球蛋白	80	肌红蛋白
33～50	拟球蛋白		

（二）溶质浓度的影响

盐析过程中蛋白质等溶质的溶解度显著下降，以沉淀形式析出的部分溶质是原有浓度与该离子强度下溶解度的差值。不同浓度的同种蛋白质溶液要产生沉淀所要求的临界盐浓度不同。在相同的离子强度条件下，各种蛋白质的溶解度也不同。所以当对高浓度的蛋白质混合液实施盐析时，杂质蛋白被同时沉淀下来（共沉作用）的可能性增大。另外，大量的目标蛋白沉淀也会通过分子间的相互作用吸附一定数量的他种蛋白质，从而降低了分辨率，影响分离效果。总的说来，蛋白质浓度大时，共沉作用强、分辨率低，但用盐量少、蛋白质的溶解损失小。相反，蛋白质浓度较小时，分辨率较高，但用盐量大，蛋白质的回收率较低，所以在盐析时首先要根据实际条件调节蛋白质溶液的浓度。一般常将蛋白质的含量控制在 2% ~ 3% 为宜。

（三）pH 对盐析的影响

一般认为，蛋白质分子表面所带的净电荷越多，它的溶解度就越大，当外界环境使其表面净电荷为零时，溶解度将达到一个相对的最低值。所以调节溶液的pH 或加入与蛋白质分子表面极性基团结合的离子（称反离子）可以改变它的溶解度。

图 4 – 3 显示在 25℃ 时不同 pH 条件下血红蛋白的溶解特征。在血红蛋白等电点（pH = 6.60）附近其溶解度最小，所以往往选择蛋白质溶液的 pH 于沉淀目标物等电点附近进行盐析。这样产生沉淀所消耗的中性盐较少，蛋白质的回收率也高，同时部分地减少了共沉作用。值得注意的是，蛋白质等高分子化合物的表观等电点受介质环境的影响，尤其是在高盐溶液中，分子表面电荷分布会发生变化，等电点往往发生偏移，与负离子结合的蛋白质，其等电点常向酸侧移动。当蛋白质分子结合较多的 Mg^+、Zn^{2+} 等阳离子时等电点则向高 pH 偏移。

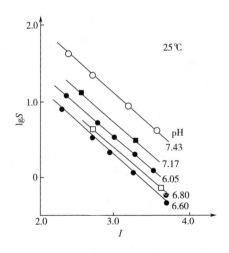

图 4 – 3　不同 pH 下，浓磷酸缓冲液中血红蛋白的溶解度曲线

（四）盐析温度的影响

一般来说，在低盐浓度下蛋白质等生物大分子的溶解度与其他小分子无机物、有机物相似，即温度升高，溶解度升高。但对于多数蛋白质和肽而言，在高盐浓度下，它们的溶解度反而降低。不同温度下，血红蛋白和一氧化碳结合物(COHb)以及和氧气的结合物（O_2Hb）在浓磷酸缓冲液中的溶解度曲线就是例证（图4-4）。只有少数蛋白质例外，如胃蛋白酶、大豆球蛋白，它们在高盐浓度下的溶解度随温度上升而增高，而卵球蛋白的溶解度几乎不受温度影响。

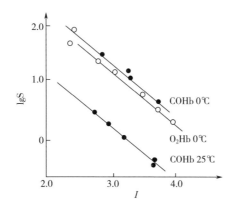

图4-4　不同温度下血红蛋白结合物在浓磷酸缓冲液中的溶解度

四、盐析操作

无论在实验室，还是在生产上，除少数有特殊要求的盐析以外，大多数情况下都采用硫酸铵进行盐析。可按两种方式将硫酸铵加入溶液中：一种是直接加固体（NH_4）$_2SO_4$粉末，工业生产常采用这种方式，加入时速度不能太快，应分批加入，并充分搅拌，使其完全溶解和防止局部浓度过高；另一种是加入硫酸铵饱和溶液，在实验室和小规模生产中，或（NH_4）$_2SO_4$浓度无需太高时，可采用这种方式，它可防止溶液局部过浓，但加入量较多时，料液会被稀释。

硫酸铵的加入量有不同的表示方法。常用"饱和度"来表征其在溶液中的最终浓度，25℃时（NH_4）$_2SO_4$的饱和浓度为4.1mol/L［1L溶液含767g（NH_4）$_2SO_4$］，定义饱和度为100%。为了达到所需的饱和度，应加入固体（NH_4）$_2SO_4$的量可由表4-4查得，或由式（4-1）计算而得。

$$X = \frac{G(P_2 - P_1)}{1 - AP_2}$$ (4-1)

式中　X——1L溶液所需加入（NH_4）$_2SO_4$的质量，g

　　　G——经验常数，0℃时为515，20℃时为513

P_1 和 P_2——分别为初始和最终溶液的饱和度,%

A——常数,0℃时为 0.27,20℃时为 0.29

由于硫酸铵溶解度受温度影响不大,表 4 - 4 和式(4 - 1)也可用于其他温度场合。如果加入(NH$_4$)$_2$SO$_4$ 饱和溶液,为达到一定饱和度,所需加入的饱和(NH$_4$)$_2$SO$_4$ 溶液的体积可由式(4 - 2)求得。

$$V_a = V_0 \frac{P_2 - P_1}{1 - P_2} \qquad (4-2)$$

式中　V_a——加入的饱和(NH$_4$)$_2$SO$_4$ 体积,L

　　　V_0——蛋白质溶液的原始体积,L

　　P_1,P_2 同式 4 - 1

表 4 - 4　　　　25℃时硫酸铵水溶液由原来饱和度达到所需饱和度每升

硫酸铵溶液应加固体硫酸铵的质量　　　　　　单位:g

原有硫酸铵饱和度/%	需要达到的硫酸铵的饱和度/%																
	10	20	25	30	33	35	40	45	50	55	60	65	70	75	80	90	100
0	56	114	114	176	196	209	243	277	313	351	390	430	472	516	561	662	767
10		57	86	118	137	150	183	216	251	288	326	365	406	449	494	592	694
20			29	59	78	91	123	155	189	225	262	300	340	382	424	520	619
25				30	49	61	93	125	158	193	230	267	307	348	390	485	383
30					19	30	62	94	127	162	198	235	273	314	356	449	546
33						12	43	74	107	142	177	214	252	292	333	426	522
35							31	63	94	129	164	200	238	278	319	411	506
40								31	63	97	132	168	205	245	285	375	496
45									32	65	99	134	171	210	250	339	431
50										33	66	101	137	176	214	302	392
55											33	67	103	141	179	264	353
60												34	69	105	143	227	314
65													34	70	107	190	275
70														35	72	152	237
75															36	115	198
80																77	157
90																	79

项目二　有机溶剂沉淀法

一、基本原理

向水溶液中加入一定量亲水性的有机溶剂,降低溶质的溶解度,使其沉淀析出的分离纯化方法，称为有机溶剂沉淀法。与盐析法相比，有机溶剂沉淀法具有如下优点：乙醇等有机溶剂易挥发除去，不会残留于成品中，产品更纯净；沉淀物与母液间的密度差较大，容易分离，适合于离心分离收集沉淀物。有机溶剂沉淀法的主要缺点是容易使蛋白质变性，因此操作条件应严加控制。另外，采用大量有机溶剂，成本较高，为节省用量，常将蛋白质溶液适当浓缩，并要采取溶剂回收措施。有机溶剂一般易燃易爆，车间和设备都应有防护措施。

有机溶剂沉淀法作用机理主要有二。

（1）亲水性有机溶剂加入溶液后降低了介质的介电常数，使溶质分子之间的静电引力增加，聚集形成沉淀。两带电分子间的静电作用力在分子电量不变、距离不变的情况下与介质的介电常数成反比，表4－5是一些有机溶剂的介电常数。

（2）水溶性有机溶剂的水合作用降低了自由水的浓度，破坏了亲水溶质分子表面原有的水合层，导致脱水凝集。

表4－5　　　　　　　　　　　　一些有机溶剂的介电常数

溶液	介电常数	溶剂	介电常数
水	80	2.5mol/L 尿素	84
20% 乙醇	70	2.5mol/L 甘氨酸	137
40% 乙醇	60	丙酮	22
60% 乙醇	48	甲醇	33
100% 乙醇	24	丙醇	23

以上两个因素相比较，脱水作用较静电作用占更主要的地位。由表4－5可见，乙醇、丙酮的介电常数都较低，是最常用的沉淀用溶剂。2.5mol/L 甘氨酸的介电常数很大，可以作蛋白质等生物高分子溶液的稳定剂。有机溶剂沉淀生物高分子的特点是分辨率高于盐析；因溶剂沸点较低，除去、回收方便。但应注意，有机溶剂沉淀法比盐析法更易使蛋白质变性失活，通常在低温下操作，以减少变性作用。

二、有机溶剂的选择

沉淀用有机溶剂的选择，主要应考虑以下几方面的因素。

（1）介电常数小，沉析作用强。

（2）对生物分子的变性作用小。

（3）毒性小，挥发性适中。沸点过低虽有利于溶剂的除去和回收，但挥发损失较大，且给劳动保护及安全生产带来麻烦。

（4）沉淀用溶剂一般需与水无限混溶。

乙醇具有沉淀析出作用强、沸点适中、无毒等优点，广泛用于沉淀蛋白质、核酸、多糖等生物大分子及核苷酸、氨基酸等；丙酮沉淀作用大于乙醇。用丙酮代替乙醇作沉淀剂一般可以减少用量 1/4 ~ 1/3。但因其具有沸点较低、挥发损失大、对肝脏有一定毒性、着火点低等缺点，使得它的应用不及乙醇广泛；甲醇沉淀作用与乙醇相当，对蛋白质的变性作用比乙醇、丙酮都小，但由于口服有剧毒，使其不能广泛应用；其他溶剂，如二甲基甲酰胺、二甲基亚砜、2 - 甲基 - 2，4 - 戊二醇（MPD）和乙腈也可作沉淀剂用，但远不如上述乙醇、丙酮、甲醇使用普遍。

三、 影响有机溶剂沉淀的因素

（一）温度

有机溶剂与水混合时要产生相当数量的热量，使体系的温度升高，可增加有机溶剂对蛋白质的变性作用。因此，在使用有机溶剂沉淀生物大分子时，一定要控制在低温下进行。由于大多数蛋白质的溶解度随温度下降而减少，低温对提高收率也是有利的。常将待分离的溶液和有机溶剂分别进行预冷，后者最好预冷至 -20 ~ -10℃，在具体操作时还应不断搅拌。搅拌的作用一方面是为了散热，另一方面是为了防止溶剂局部过浓引起的变性作用和分辨率下降现象发生。同时，溶剂的加入速度也须控制，不宜太快。有些情况下，把沉淀后的清液温度降低，可沉淀出另一种产品，这就是所谓的温差分级沉淀。

为减少溶剂对蛋白质的变性作用，通常使沉淀在低温下做短时间（0.5 ~ 2h）的老化处理后即进行过滤或离心分离，接着真空抽去剩余溶剂或将沉淀溶入大量缓冲液中以稀释溶剂，旨在减少有机溶剂与目标物的接触。

（二）溶液 pH

溶液的 pH 对沉淀效果有很大的影响，适宜的 pH 可使沉析效果增强，提高产品收率，同时还可提高分辨率。许多蛋白质在等电点附近有较好的沉淀效果，但不是所有的蛋白质都是这样，甚至有少数蛋白质在等电点附近不太稳定。在控制溶液 pH 时有一点要特别注意，即务必使溶液中大多数蛋白质分子带有相同电荷，而不要让目标物与主要杂质分子带相反电荷，以免出现严重的共沉作用。

（三）离子强度

较低离子强度往往有利于沉析作用，甚至还有保护蛋白质，防止变性，减少水和溶剂相互溶解及稳定介质 pH 的作用。用溶剂沉析蛋白质时离子强度以 0.01 ~ 0.05mol/L 为佳，通常含量不应超过 5%。常用的助沉剂多为低浓度单价盐，如醋酸钠、醋酸铵、氯化钠等。离子强度较高时（0.2mol/L 以上），往往须增加溶剂的用量才能使沉淀析出，且沉淀物中会夹有较多的盐。盐析后的上清液含盐量较高，若进行有机溶剂沉淀，则必须事先除盐。

（四）样品浓度

样品浓度较小时，将增加有机溶剂的投入量和损耗，降低溶质收率，但稀的样品共沉作用小，分离效果较好。反之，浓的样品减少了溶剂用量，会增强共沉作用，降低分辨率，提高回收率。一般认为蛋白质的初浓度以 0.5% ~ 2% 为好，黏多糖则以 1% ~ 2% 较合适。

（五）金属离子的助沉作用

在用有机溶剂沉淀生物大分子时，还需注意一些金属离子如 Zn^{2+}、Ca^{2+} 等可与某些呈阴离子状态的蛋白质形成复合物，这种复合物的溶解度大大降低而不影响生物活性，有利于沉淀形成，并降低溶剂用量；要避免与这些金属离子形成难溶盐的阴离子存在（如磷酸根）。以胰岛素精制工艺为例，0.005 ~ 0.02mol/L 的 Zn^{2+} 可使溶剂用量减少 1/3 ~ 1/2。实际操作时往往先加有机溶剂沉淀除去杂蛋白，再加 Zn^{2+} 沉淀目标物（图 4 – 5）。

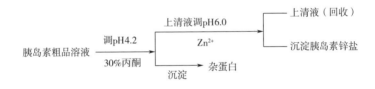

图 4 – 5　胰岛素精制工艺

项目三　等电点沉淀法

两性物质在溶液 pH 处于等电点（pI）时，分子表面静电荷为零，导致赖以稳定的双电层及水合膜削弱或破坏，分子间引力增加，溶解度降低。调节溶液的 pH 处于等电点，使两性溶质溶解度下降，析出沉淀的操作称为等电点沉淀法。

等电点沉淀法操作十分简便，试剂消耗少，给体系引入的外来物（杂质）也少，是一种常用的分离纯化方法。不同离子强度下，同种蛋白质的溶解度与 pH 的关系见图 4 – 6。pH 处于等电点附近，溶解度较小，但等电点附近仍有相当的溶解度（有时甚至比较大）。所以等电点沉淀往往不完全，加上许多生物大分子的等电点比较接近，故很少单独使用等电点沉淀法作为主要纯化手段，往往与盐析、有机溶剂沉淀等方法联合使用。在实际工作中普遍用等电点法作为去杂手段。生物大分子在等电点附近盐溶作用很明显，所以无论是单独使用还是与有机溶剂沉淀法合用，都必须控制溶液的离子强度。

在进行等电点沉淀操作时需要注意以下几个问题。

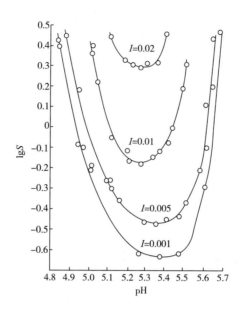

图 4-6 不同离子强度下某蛋白质的溶解度与 pH 的关系

（1）生物大分子的等电点易受盐离子的影响发生变化，若蛋白质分子结合了较多阳离子，如 Ca^{2+}，Mg^{2+}、Zn^{2+} 则等电点会升高；若结合较多阴离子，如 Cl^-、SO_4^{2-}、HPO_4^{2-}，则等电点降低。自然界中许多蛋白质较易结合阴离子，使等电点向低 pH 侧移动。

（2）在使用等电点沉淀时还应考虑目的物的稳定性。有些蛋白质或酶在等电点附近不稳定，如 α - 胰凝乳蛋白酶（$pI = 8.1 \sim 8.6$），胰蛋白酶（$pI = 10.1$），它们在中性或偏碱性的环境中由于自身或其他蛋白水解酶的作用而部分降解失活。所以在实际操作中应避免溶液 pH 上升至 5 以上。

项目四 其他沉淀技术

在生化制备中经常使用的沉淀方法还有成盐沉淀法、水溶性非离子型聚合物沉淀法及共沉淀法等。所使用的沉淀剂有金属盐、有机酸类、离子型或非离子型的多聚物及其他一些化合物。

一、成盐沉淀法

生物分子一般都可以生成盐类复合物沉淀，此法一般可分为：①与生物分子的酸性功能团作用的金属复合盐法（如铜盐、银盐、锌盐、铅盐、锂盐、钙盐等）；②与生物分子的碱性功能团作用的有机酸复合盐法（如苦味酸盐、苦酮酸盐，单宁酸盐、钨酸盐、磷钼酸盐等）。以上盐类复合物一般都具有很低的溶解度，极容易沉淀析出。若沉淀为金属复合盐，可通以 H_2S 使金属变成硫化物而除去；若为有机酸盐、磷钨酸盐，则加入无机酸并用乙醚萃取，把有机酸，钨酸等移入乙醚中除去；或用离子交换法除去。但值得注意的是，重金属离子、某些有机酸和蛋白质形成复合盐后，常使蛋白质发生不可逆的沉淀，应用时必须谨慎。

（一）金属复合盐

许多有机物包括蛋白质在内，在碱性溶液中带负电荷，都能与金属离子形成沉淀。所用的金属离子，根据它们与有机物作用的机制可分为三大类。第一类包括 Mn^{2+}、Fe^{2+}、Co^{2+}、Ni^{2+}、Cu^{2+}、Zn^{2+} 和 Cd^{2+}，它们主要作用于羧酸、胺及杂环等含氮化合物；第二类包括 Ca^{2+}、Ba^{2+}、Mg^{2+} 和 Pb^{2+}，这些金属离子能和羧酸起作用，但对含氮物质的配基没有亲和力；第三类金属包括 Hg^{2+}、Ag^+ 和 Pb^{2+}，这类金属离子对含硫氢基的化合物具有特殊的亲和力。蛋白质和酶分子中含有羧基、氨基、咪唑基和硫氢基等，均可以和上述金属离子作用形成盐复合物。蛋白质－金属复合物的重要性质是它们的溶解度对介质的介电常数非常敏感。调整水溶液的介电常数（如加入有机溶剂），用 Zn^{2+}、Ba^{2+} 等金属离子可以把许多蛋白质沉淀下来，而所用金属离子浓度为 0.02mol/L 左右即可。金属离子还可沉淀核酸、氨基酸、多肽及有机酸等。

（二）有机酸类复合盐

含氮有机酸如苦味酸、苦酮酸和鞣酸等，能够与有机分子的碱性功能团形成复合物而沉淀析出。但这些有机酸与蛋白质形成盐复合物沉淀时，常常发生不可逆的沉淀反应。工业上应用此法制备蛋白质时需采取较温和的条件，有时还加入一定的稳定剂，以防止蛋白质变性。

（1）单宁　即鞣酸，广泛存在于植物界，为多元酚类化合物，分子上有羧基和多个羟基。由于蛋白质分子中有许多氨基、亚氨基和羧基等，这样就有可能在蛋白质分子与单宁分子间形成为数众多的氢键而结合在一起，从而生成巨大的复合颗粒沉淀下来。

单宁沉淀蛋白质的能力与蛋白质种类、环境 pH 及单宁本身的来源（种类）和浓度有关。由于单宁与蛋白质的结合相对比较牢固，用一般方法不易将它们分开。故多采用竞争结合法，即选用比蛋白质更强的结合剂与单宁结合，使蛋白质游离释放出来。这类竞争性结合剂有乙烯氮戊环酮（PVP），它与单宁形成氢键的能力很强。此外，聚乙三醇、聚氧化乙烯及山梨糖醇甘油酸酯也可用来从单宁复合物中分离蛋白质。

（2）雷凡诺　2－乙氧基－6，9－二氨基吖啶乳酸盐，是一种吖啶染料。其与蛋白质作用主要也是通过形成盐的复合物而沉淀。此种染料对提纯血浆中 γ－球蛋白有较好效果。实际应用时将 0.4% 的雷凡诺溶液加到血浆中，调 pH 至 7.6～7.8，除 γ－球蛋白外，可将血浆中其他蛋白质沉淀下来，然后将沉淀物溶解再以 5%

NaCl 将雷凡诺沉淀除去（或通过活性炭柱或马铃薯淀粉柱吸附除去）。溶液中的 γ - 球蛋白可用 25% 乙醇或加等体积饱和硫酸铵溶液沉淀回收。使用雷凡诺沉淀蛋白质，不影响蛋白质活性，并可通过调整 pH，分段沉淀一系列蛋白质组分。但蛋白质的等电点在 pH = 3.5 以下或 pH = 9.0 以上，不被雷凡诺沉淀。核酸大分子也可在较低 pH 时（pH = 2.4 左右），被雷凡诺沉淀。

（3）三氯乙酸（TCA）　沉淀蛋白质迅速而完全，一般会引起变性。但在低温下短时间作用可使有些较稳定的蛋白质或酶保持原有的活力，如用 2.5% 浓度 TCA 处理胰蛋白酶、抑肽酶或细胞色素 C 提取液，可以除去大量杂蛋白而对酶活性没有影响。此法多用于目的物比较稳定且分离杂蛋白相对困难的场合。

二、水溶性非离子型多聚物沉淀

非离子型多聚物是 20 世纪 60 年代发展起来的一类重要沉析剂，最早应用于提纯免疫球蛋白（IgG）和沉析一些细菌与病毒，近年来逐渐广泛应用于核酸和酶的分离纯化。这类非离子型多聚物包括各种不同分子质量的聚乙二醇（Polyethylene glycol，PEG）、壬苯乙烯化氧（NPEO）、葡聚糖、右旋糖酐硫酸酯等，其中应用最多的是聚乙二醇，其结构式是：

$$HO（CH_2CH_2O）_nCH_2CH_2OH$$

用非离子型多聚物沉淀生物大分子一般有两种方法：一种方法是选用两种水溶性非离子型多聚物，组成液 - 液两相系统，使生物大分子或微粒在两相系统中不等量分配，而造成分离。这种方法是由于不同生物分子和微粒表面结构不同，有不同分配系数，并且因离子强度、pH 和温度等因素的影响，从而增强分离的效果。另一种方法是选用一种水溶性非离子型多聚物，使生物大分子或微粒在同一液相中，由于被排斥相互凝集而沉淀析出。对后一种方法，操作时应先离心除去粗悬浮颗粒，调整溶液 pH 和温度至适度，然后加入中性盐和多聚物至一定浓度，冷贮一段时间后，即形成沉淀。沉淀中含有大量沉淀剂。除去的方法有吸附法、乙醇沉淀法及盐析法等。例如，将沉淀物溶于磷酸缓冲液中，用 35% 硫酸铵沉淀蛋白质，PEG 则留在上清液中，用 DEAE - 纤维素吸附目标物也常用，此时 PEG 不被吸附，用 20% 乙醇处理沉淀复合物，离心后也可将 PEG 除去（留在上清液中）。

用葡聚糖和聚乙二醇作为二相系统分离单链 DNA、双链 DNA 和多种 RNA 制剂，近年来发展很快，特别是用聚乙二醇沉淀分离质粒 DNA，已相当普遍。一般在 0.01mol/L 磷酸缓冲液中加聚乙二醇达 10% 浓度，即可将 DNA 沉淀下来。基因工程中所用的质粒 DNA 的相对分子质量一般在 1×10^6 数量级，常用 PEG 6000 沉淀。

三、变性沉淀法

应用变性沉淀法主要是为了破坏杂质，保留目的物。其原理是利用蛋白质、酶和核酸等生物大分子对某些物理或化学因素的敏感性不同，而有选择地使之变性沉淀，以达到分离提纯的目的。

（1）使用选择性变性剂　如表面活性剂、重金属盐、有机酸、酚、卤代烷等，使提取液中的蛋白质或部分杂质蛋白发生变性，使之与目标物分离。如制取核酸时用氯仿将蛋白质沉淀分离。

（2）选择性热变性　利用蛋白质等生物大分子对热的稳定性不同，加热破坏某些组分，而保存另一些组分。如脱氧核糖核酸酶对热稳定性比核糖核酸酶差，加热处理可使混杂在核糖核酸酶中的脱氧核糖核酸酶变性沉淀。又如由黑曲霉发酵制备脂肪醇时，常混杂有大量淀粉酶，当把混合粗酶液在40℃水浴中保温2.5h（pH为3.4），90%以上的淀粉酶将受热变性除去。热变性方法简单易行，在制备一些对热稳定的小分子物质过程中，对除去一些大分子蛋白质和核酸特别有用。

（3）选择性的酸碱变性　调节溶液酸碱度，有选择地除去杂蛋白在生化制备中的例子有很多，如用2.5%浓度的三氯乙酸处理胰蛋白酶、抑肽酶或细胞色素C粗提取液，均可除去大量杂蛋白，而对所提取的酶活性没有影响。有时还把酸碱变性与热变性结合起来使用，效果更为显著。但使用前，必须对制备物的热稳定性和酸碱稳定性有足够了解。例如胰蛋白酶在pH2.0的酸性溶液中可耐极高温度，而且热变性后产生的沉淀是可逆的。冷却后沉淀溶解即可恢复原来活性。有些酶与底物或者竞争性抑制剂结合后，对pH或热的稳定性显著增加，则可以采用较强烈的酸碱变性和加热方法除去杂蛋白。

变性沉淀法有选择性不强，易引起目的物变性失活等缺点，使用时应注意选择温和的条件，并在沉淀完成后尽快除去沉淀剂。

项目五 结晶

一、结晶的概念

结晶是生化、制药等工业生产中常用的精制技术。溶液中的溶质在一定条件下，因分子有规则地排列形成晶体。晶体的化学成分均一，离子和分子有规则排列。固体有晶体（结晶）和无定形两种状态，两者的区别就是构成单位（原子、离子或分子）的排列方式不同，前者有规则，后者无规则。在条件变化缓慢时，溶质分子有足够的时间进行排列，有利于结晶形成；相反，当条件变化剧烈，强迫快速析出，溶质分子来不及排列就析出，结果形成无定形沉淀。

由于只有同类分子或离子才能排列成晶体，故结晶过程有良好的选择性。通过结晶，溶液中的大部分杂质会留在母液中，再经过滤、洗涤等就可得到纯度较高的晶体。此外，结晶过程成本低、设备简单、操作方便，许多氨基酸、有机酸、抗生素、维生素、核酸等产品的精制均采用结晶法。

二、 结晶过程分析

当溶液浓度等于溶质溶解度时，该溶液称为饱和溶液。溶质在饱和溶液中不能析出。溶质浓度超过溶解度时，该溶液称为过饱和溶液。溶质只有在过饱和溶液中才有可能析出。溶解度与温度有关，一般情况下，物质的溶解度随温度升高而增加，溶解度与温度的关系还可以用饱和曲线和过饱和曲线表示，见图4-7。溶解度还与溶质的分散度有关，即微小晶体的溶解度要比普通晶体的溶解度大。

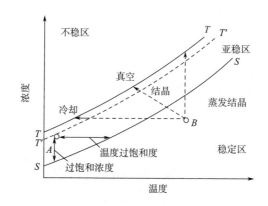

图4-7　饱和曲线与过饱和曲线

A—亚稳区任意点　B—稳定区任意点　SS—饱和溶解度曲线

结晶是指溶质自动从过饱和溶液中析出形成新相的过程。过程包括溶质分子凝聚成固体并且规律地排列在一起。当浓度超过饱和浓度，达到一定的过饱和浓度时，才可能有晶体析出，最先析出的微小颗粒是以后结晶的中心，称为晶核。如上所述，微小的晶核具有较大的溶解度，因此，在饱和溶液中，晶核形成后，靠分子扩散继续成长。因此，结晶包括三个过程：过饱和溶液的形成、晶核的形成及晶体的生长。溶液达到过饱和状态是结晶的前提，过饱和度是结晶的推动力。

图4-7中，曲线SS为饱和溶解度曲线，此线以下的区域为不饱和区，称为稳定区。曲线TT为过饱和溶解度曲线，此曲线以上的区域称为不稳区，而介于曲线SS和TT之间的区域称为亚稳区。

在稳定区的任一点溶液都是稳定的，无论采用什么措施都不会有结晶析出。在亚稳区的任一点，如不采取措施，溶液也可以长时间保持稳定。若加入晶种，溶质会在晶种上长大，溶液的浓度随之下降到SS线。亚稳区中各部分的稳定性并不一样，接近SS线的区域较稳定，而接近TT线的区域极易受刺激而结晶。因此有人提出把亚稳区再一分为二，上半部为刺激结晶区，下半部为养晶区。

在不稳区的任一点，溶液能立即自发结晶，在温度不变时，溶液浓度自动降至 SS 线。因此，溶液需要在亚稳区或不稳区才能结晶。在不稳区，结晶生成很快，来不及长大浓度即降至溶解度，所以形成大量细小晶体，这在工业结晶中是不利的。为得到颗粒较大而又整齐的晶体，通常需加入晶种并把溶液浓度控制在亚稳区的养晶区，让晶体缓慢长大，因为养晶区自发产生晶核的可能性很小。

过饱和溶解度曲线与溶解度曲线不同，溶解度曲线是恒定的，而过饱和溶解度曲线的位置受很多因素的影响而变动，例如有无搅拌、搅拌强度的大小、有无晶种、晶种的大小与多少、冷却速度的快慢等。所以过饱和溶解度曲线应视为一簇曲线。要使过饱和溶解度曲线有较确定的位置，必须将影响其位置的因素确定。

过饱和度是结晶的推动力，如果溶液处于饱和状态，溶解速率等于沉淀速率。只有当溶液浓度超过饱和浓度达到一定的过饱和程度时，才有可能析出晶体。过饱和度是结晶必须考虑的重要因素。参考图 4 - 7，起晶方法有以下 3 种方法。

1. 自然起晶法

在一定温度下，溶液蒸发在不稳区形成晶核，当生成晶核的数量符合要求时，加入稀溶液使溶液浓度降低至亚稳区，使之不生成新的晶核，溶质即在晶核的表面长大。这是一种古老的起晶方法，要求过饱和浓度较高、蒸发时间长，不易控制，同时还可能造成溶液色泽加深等现象，现已很少采用。

2. 刺激起晶法

溶液蒸发至亚稳区后，将其冷却，进入不稳区，此时即有一定量的晶核形成，由于晶核析出使溶液浓度降低，然后将条件控制在亚稳区的养晶区使晶体生长。例如，味精、柠檬酸的结晶即采用先在蒸发器中浓缩至一定浓度后再放入冷却器中搅拌结晶的方法。

3. 晶种起晶法

将溶液蒸发或冷却到亚稳区的较低浓度，投入一定量和一定大小的晶种，溶质分子在晶种表面进行有序排列。晶种起晶法是普遍采用的方法，若掌握得当可获得均匀整齐的晶体。

三、 过饱和溶液的形成方法

结晶的关键是溶液的过饱和度。将溶液控制在一个适当的过饱和度，是结晶的首要问题。要获得理想的晶体，就必须研究过饱和溶液形成的方法。制备过饱和溶液通常有下面一些方法。

1. 热饱和溶液冷却

该法适用于溶解度随温度降低而显著减小的场合。由于该法基本不除去溶剂，而是使溶液冷却降温，也称为等溶剂结晶。冷却法可分为自然冷却、间壁冷却和直接接触冷却。自然冷却是使溶液在大气中缓慢冷却而结晶，此法冷却缓慢，生产能力低，产品质量难以控制，在较大规模的生产中已不采用。间壁冷却是被冷却溶液与冷却剂之间用壁面隔开的冷却方式，此法广泛用于生产。间壁冷却法缺点在于器壁表面上常有晶体析出，称为晶疤或晶垢，使冷却效果下降，而且清除晶疤往往需消耗较多工时。直接接触冷却法包括：以空气为冷却剂与溶液直接接触冷却的方法；与溶液不互溶的碳氢化合物为冷却剂，使溶液与之直接接触而冷却的方法；另外还有近年来所采用的液态冷冻剂与溶液直接接触，靠冷冻剂汽化而冷却的方法。

2. 部分溶剂蒸发

蒸发法是借蒸发除去部分溶剂的结晶方法，也称等温结晶法。溶液在常压或减压条件下加热蒸发达到过饱和。此法主要适用于溶解度随温度降低变化不大或温度升高溶解度降低的情形。为了节省热能，常由多个蒸发结晶器组成多效蒸发，使操作压力逐步降低，以便重复利用热能。蒸发结晶消耗热能最多，加热面的结垢问题使操作遇到困难，一般不常采用。

3. 真空蒸发冷却法

真空蒸发冷却法是使溶剂在真空条件下迅速蒸发并冷却，实质上是以冷却及除去部分溶剂两种方法达到过饱和度。此法是自 20 世纪 50 年代以来一直应用较多的结晶方法。这种方法设备简单、操作稳定。最突出的特点是不存在晶垢问题。

4. 化学反应结晶法

化学反应结晶法是通过加入反应剂或调节 pH 使结晶析出的方法。例如，在头孢菌素 C 的浓缩液中加入醋酸钾即可析出头孢菌素 C 钾盐；利福霉素 S 的醋酸丁酯萃取浓缩液中加入氢氧化钠，利福霉素 S 即转为钠盐而析出。四环素、6 - 氨基青霉烷酸及多种氨基酸等则通过调节 pH 至等电点附近使结晶析出。

5. 盐析法

盐析法是向溶液体系中加入某些盐类，从而使溶质溶解度降低而析出的方法。这些物质既可以是固体，也可以是液体或气体。例如，可将氨气直接通入酸性水溶液中降低溶质溶解度使结晶析出。盐析法最大的缺点是后序工艺常需处理母液、除盐。

另外，还有向水溶液中加入亲水性有机溶剂的结晶方法，即有机溶剂结晶方法。对于一些易溶于有机溶剂的物质，向其溶液体系中加入适量水即析出结晶，称为"水析"结晶法。

【思考题】

1. 简述盐析法沉淀蛋白质的原理。影响盐析的因素有哪些？
2. 使用硫酸铵盐析应注意的问题有哪些？
3. 有机溶剂沉淀法有哪些影响因素？
4. 含20%硫酸铵饱和度的细胞色素 C 溶液 200mL，需加多少克硫酸铵或多少毫升饱和硫酸铵溶液，才能使其达到 60% 的饱和度？
5. 简述等电点沉淀法的原理。

实训案例3　　盐析法制备胰凝乳蛋白酶

一、实训目的

掌握盐析法的基本原理和方法；学习透析袋的使用。

二、实训原理

蛋白质分子表面含有带电荷的基团，这些基团与水分子有较大的亲和力，故蛋白质在水溶液中能形成水化膜，增加蛋白质水溶液的稳定性，如果在蛋白质溶液中加入大量中性盐，蛋白质表面的电荷被大量中和，水化膜被破坏，于是蛋白质分子相互聚集而沉淀析出，此现象称为盐析，不同的蛋白质由于分子表面电荷多少不同，分布情况也不一样，因此不同的蛋白质盐析出来的盐浓度也各异。盐析法就是通过控制盐的浓度，使蛋白质混合液中各个成分分步析出，达到粗分离蛋白质的目的。到目前为止，已知的酶大部分都是蛋白质，因此一般提纯蛋白质的方法也适用于酶的提纯。

三、实训材料

高速组织捣碎机、镊子、剪刀、离心管、漏斗、纱布、透析袋、分析天平、离心机、新鲜猪胰脏、硫酸、固体硫酸铵、酪蛋白溶液、磷酸盐缓冲液、三氯乙酸、氯化钡、氢氧化钠。

四、实训步骤

整个操作过程在 $0 \sim 5 \, ℃$ 下进行。

1. 提取

取新鲜猪胰脏，放在盛有 $0.125 \, mol/L$ 冷硫酸的容器中，保存在冰箱中待用。去除胰脏表面的脂肪和结缔组织后称量。用组织捣碎机绞碎，然后混悬于 2 倍体积的 $0.5 \, mol/L$ 冷硫酸中，放在冰箱中过夜。将上述混悬液离心 10min，上层溶液经 2 层纱布过滤至烧杯中，将沉淀再混悬于等体积的 $0.125 \, mol/L$ 硫酸中，再离心，将两次上层溶液合并，即为提取液。

2. 分离

提取液 10mL，加固体硫酸铵 1.14g 达 0.2 饱和度，放置 10min，离心（3000r/min）10min。弃去沉淀，保留上层液。在上层液中加入固体硫酸铵 1.323g 达 0.5 饱和度，放置 10min，离心（3000r/min）10min。弃去上层溶液，保留沉淀。将沉淀溶解于3 倍体积的水中，装入透析袋中，用 pH 为 5.0，$0.1 \, mol/L$ 乙酸缓冲液透析，直至 1% 氯化钡检查无白色硫酸钡沉淀产生，然后离心 5min（3000r/min），弃去沉淀（变性的酶蛋白），保留上清液。在上清液中加硫酸铵（0.39g/L）达到 0.6 饱和度，放置 10min，离心 10min（3000r/min）。弃去清液，保留沉淀（即为胰凝乳蛋白酶）。

3. 结晶

取分离所得的胰凝乳蛋白酶溶于 3 倍体积的水中。然后加硫酸铵（0.144g/mL）至胰凝乳蛋白酶溶液达 0.25 饱和度，用 0.1mol/L 氢氧化钠调节 pH 至 6.0，在室温（25～30℃）放置 12h 即可出现结晶。

五、讨论

1. 在显微镜下观察胰凝乳蛋白酶结晶形状。

2. 计算胰凝乳蛋白酶得率。讨论影响胰凝乳蛋白酶得率的因素。

实训案例4　牛奶中酪蛋白和乳蛋白素的制备

一、实训目的

掌握等电点沉淀法的原理和基本操作。

二、实训原理

乳蛋白素广泛存在于乳品中，是乳糖合成所需要的重要蛋白质。牛奶中主要蛋白质是酪蛋白，酪蛋白在 pH 为 4.8 左右沉淀析出；乳蛋白素在 pH 为 3 左右沉淀析出。利用此性质，可先将 pH 降至 4.8，或是在加热至 40℃ 的牛奶中加硫酸钠，将酪蛋白沉淀出来。酪蛋白不溶于乙醇，因此可利用乙醇洗去酪蛋白粗品中的可溶性杂质。沉淀酪蛋白后的滤液 pH 调至 3 左右，能使乳蛋白素沉淀析出，精制，即可得乳蛋白素。

三、实训材料

烧杯、离心管（50mL）、磁力搅拌器、pH 计、离心机、脱脂或低脂牛乳、无水硫酸钠、0.1mol/L HCl、0.1mol/L 氢氧化钠、滤纸、pH 试纸、浓盐酸、乙酸钠缓冲溶液 0.2mol/L（pH = 4.6）、乙醇。

四、实训步骤

1. 盐析或等电点沉淀制备酪蛋白

①将 50mL 牛乳倒入 250mL 烧杯中，于 40℃ 水浴中隔水加热并搅拌。

②盐析法：在上述烧杯中缓缓加入（约 10min 内分次加入）10g 无水硫酸钠，之后再继续搅拌 10min，冷却至室温，然后静置 5min。

或采用等电点沉淀法：在搅拌下慢慢加入 50mL 40℃ 左右的乙酸缓冲液，直到 pH 达到 4.8 左右。将悬浮液冷却至室温，然后静置 5min。

③将上述溶液用细布过滤，分别收集沉淀和滤液。将沉淀悬浮于 30mL 乙醇中，倾于布氏漏斗中，过滤除去乙醇溶液，抽干。沉淀从布氏漏斗中移出，在表面皿上摊开，挥发以除去乙醇，干燥后得到酪蛋白，准确称量。

2. 等电点沉淀法制备乳蛋白素

将操作步骤③所得滤液置于 100mL 烧杯中，搅拌，盐酸调 pH 至 3 左右；转入离心管，6000r/min 离心 15min，倒掉上层液；在离心管内加入 10mL 去离子水，振荡，使管内下层物质重新悬浮，0.1mol/L 氢氧化钠溶液调整 pH 至 8.5～9.0，此时大部分蛋白质均会溶解；将上述溶液以 6000r/min 离心 10min 后，将上层溶液倒入 50mL 烧杯中；用 0.1mol/L 盐酸调整 pH 至 3±0.1；将上述溶液以 6000r/min 离心 10min 后，倒掉上层液。沉淀取出干燥，并称量。

五、讨论

计算酪蛋白和乳蛋白素的收率。

模块四

吸附分离技术

知识要点

吸附分离技术是利用吸附作用，将样品吸附于适当的吸附剂上，利用吸附剂对各组分吸附能力的差异，使目的物和其他物质分离的技术。吸附层析分离操作包括吸附剂的选择和预处理、洗脱液的选择和确定、上样、吸附与洗脱、吸附剂的再生等过程。

项目一　吸附的基本概念

吸附分离技术是利用吸附作用，将样品吸附于适当的吸附剂上，利用吸附剂对各组分吸附能力的差异，使目的物和其他物质分离的技术。发酵工业中，空气的净化和除菌，蛋白质、酶、核酸等产物的分离、精制过程常使用吸附分离技术。生化药物的生产中，常用各种吸附剂进行脱色、去热原、去组胺等。吸附现象早已被人们发现。最早，吸附分离仅用于吸湿干燥、去臭、脱色、饮用水净化上，吸附剂往往是一次性使用。早期使用的吸附剂主要有无机吸附剂、离子交换树脂、活性炭等，近年来一些合成的有机大网格聚合物吸附剂具有再生简便、物理化学性质稳定且可多次反复使用的优点，特别适合工业规模。吸附分离技术具有下列特点：设备简单、操作简便、价廉、安全；少用或不用溶剂，吸附与洗脱过程中 pH 变化小，较少引起生物活性物质的变性失活。

在生物药物生产中，选择性吸附是常用的分离纯化手段。吸附分离技术往往配合其他分离手段一同使用，也被用来除去杂质。吸附提取液中的有效成分，称作"正吸附"。正吸附易于在杂质少的溶液中进行。杂质过多时，吸附剂可能被杂质所饱和，不利于目的物的吸附，可考虑用吸附剂吸附提取液中的杂质，称作"负吸附"。

一、 吸附作用

固体内部分子或原子之间的力是对称的，彼此处于平衡状态。但在界面上的分子同时受到不相等的两相分子的作用力，因此界面分子的力场是不饱和的，即存在一种固体的表面力，能从外界吸附分子、原子或离子，并在吸附剂表面形成多分子层或单分子层。物质从流体相（气体或液体）浓缩到固体表面从而达到分离的过程称为吸附作用，在表面上能发生吸附作用的固体微粒称为吸附剂，而被吸附的物质称为吸附物。

吸附是表面的一个最重要的性质之一。气相与液相、气相与固相、液相与固相之间都可以观察到吸附现象。吸附作用是靠吸附剂和吸附物之间的作用力完成的。按照吸附剂和吸附物之间作用力的不同，吸附可分为物理吸附和化学吸附。吸附剂和吸附物之间通过分子间引力（范德华力）产生的吸附称为物理吸附，这是最常见的吸附现象；如果吸附剂和吸附物之间有电子转移，或者发生化学反应而产生化学键，则称为化学吸附。物理吸附是可逆的，可以是单分子层吸附或多分子层吸附，选择性较差。物理吸附与吸附剂的表面积、孔分布和温度等因素有密切的关系。化学吸附的选择性较强，即一种吸附剂只对某种或特定几种物质有吸附作用，只能形成单分子层吸附，吸附后较稳定，不易解吸，平衡慢。有时这两种吸附作用同时发生，难以严格区分。

吸附过程通常情况下是可逆的，吸附物在一定条件下可以解吸出来。在单位时间内被吸附于吸附剂某一表面上的分子和同一单位时间内离开此表面的分子之间可以建立动态平衡，称为吸附平衡。

（一） 物理吸附

物理吸附具有无选择性、吸附速度快的特点，吸附不仅限于一些活性中心。物理吸附是可逆的，即在吸附的同时，被吸附的分子由于热运动会离开固体的表面（解吸）。吸附的分子可以呈单分子层吸附或多分子层吸附。物理吸附由于吸附物的性质不同，吸附的量也有差别。通常还与吸附剂的表面积、温度等因素有关。

（二） 化学吸附

化学吸附主要是由吸附剂与吸附物之间的电子转移或共用电子对等引起的，

属于库仑力范畴。它与通常的化学反应有所不同。化学吸附的特点是有选择性，吸附速度较慢。吸附后较稳定，不易解吸，属于单分子层吸附。这种吸附与吸附剂表面的化学性质以及吸附物的化学性质直接有关，见表 5 – 1。

表 5 – 1   物理吸附与化学吸附的特点

参数	物理吸附	化学吸附
作用力	范德华力	库仑力
吸附力	较小	较大
选择性	几乎没有	有选择性
吸附速度	较快，需要的活化能很小	慢，需要较高的活化能
吸附分子层	单分子层或多分子层	单分子层

二、 影响吸附的因素

一般认为吸附法的专一性不强，但只要充分了解吸附剂及吸附物的性质，尤其是吸附选择性，控制适当的吸附条件和吸附剂用量，可以得到满意的效果。

固体在溶液中的吸附比较复杂，影响因素也较多，主要有吸附剂的特性、吸附物的性质、二者的数量关系、吸附溶剂介质的性质和操作条件等。

1. 吸附剂的特性

吸附剂的特性与其材质、制备和活化方法等均有一定关系。吸附在界面发生，故吸附容量常用比表面积（即每克吸附剂所具有的表面积）表示。比表面积大，吸附容量就大。吸附剂的粒度能够影响吸附容量，为了增加吸附剂的吸附容量，常将吸附剂磨碎成很小的颗粒。颗粒度越小，吸附速度就越快。进行吸附层析时，吸附剂颗粒的大小对流动相经过吸附柱的渗滤速率和渗滤效果影响极大。颗粒愈小，吸附柱流速愈低。如果吸附剂颗粒过小，吸附柱流速太低，将不利于操作。将粉末吸附剂加工成疏松的聚集体可兼得吸附均匀和高流速的效果。

通过活化的方法也可增加吸附剂的吸附容量。吸附剂的活化，就是通过处理使其表面具有一定的吸附特性或增加其表面积。有些吸附剂可在高温下活化，使其吸附作用更加专一，如活性炭在 500℃ 活化后易吸附酸而不吸附碱，但在 800℃ 活化后却易吸附碱而不吸附酸。制备和活化方法的不同对氧化镁吸附剂的影响更明显，用某一种条件下制备的氧化镁几乎全部分解所吸附的胡萝卜素，但在另一条件下制备的则不引起胡萝卜素的分解，而在另一条件下制备的却没有吸附作用。凝胶状态的吸附剂，如磷酸钙凝胶等，其吸附能力和陈化程度（即制备后放置时间）有关，原因是凝胶的表面积是随时间而改变的。

某些吸附剂在吸收水分的同时降低了它们的吸附容量，用加热除水或真空除水法可使其重新活化。有些经活化的吸附剂，因将吸附物吸得太牢而难以洗脱，有时还能分解吸附物，在这种情况下可用水或极性溶剂（如醇类）使吸附剂部分钝化，如将活化的吸附剂暴露于冷湿的空气中等。醇类的钝化作用不及水强。在常用的吸附剂中，氧化铝和氧化镁最容易钝化或活化，而活性炭和漂白土等吸附剂，极性溶剂只能使其轻微钝化。

2. 吸附物的性质

吸附效果还与吸附物的性质、吸附物在溶液中的溶解度和解离状况、分子结构及能否与溶剂形成氢键有关。

（1）一般极性吸附剂易吸附极性物质，非极性吸附剂易吸附非极性物质。因而极性吸附剂适宜从非极性溶剂中吸附极性物质，而非极性吸附剂适宜从极性溶剂中吸附非极性物质。如活性炭是非极性的，它在水溶液中是一些有机化合物的良好吸附剂。硅胶是极性的，它较为适宜在有机溶剂中吸附极性物质。

（2）溶质从较易溶解的溶剂中被吸附时，吸附量较少。相反，洗脱时，采用溶解度较大的溶剂，洗脱就较容易。吸附物若在介质中发生解离，其吸附量必然下降。例如两性化合物（氨基酸、蛋白质等）的吸附，最好在非极性或低极性介质内进行，这时解离甚微；若在极性介质内吸附，则应在其等电点附近的 pH 范围内进行。

（3）对于同系列物质，吸附量的变化是有规则的，分子越大，极性越差，因而越易为非极性吸附剂所吸附，越难为极性吸附剂所吸附。

（4）吸附物若能与溶剂形成氢键，则吸附物极易溶于溶剂之中，吸附物就不易被吸附剂所吸附。如果吸附物能与吸附剂形成氢键，则可提高吸附量。

一定的吸附剂在某一溶剂中对不同溶质的吸附能力是不同的。例如活性炭在水溶液中对同系列有机化合物的吸附量，随吸附物分子质量增大而加大；吸附脂肪酸时吸附量随碳链增长而加大；对多肽的吸附能力大于氨基酸；对多糖的吸附能力大于单糖等。当用硅胶在非极性溶剂中吸附脂肪酸时，吸附量则随碳链的增长而降低。在实际生产中，脱色和除热原一般用活性炭，去过敏物质常用白陶土。在制备酶类等药物时，要求采用的吸附剂选择性较强，须通过实验确定。

3. 吸附条件

（1）温度　吸附热越大，温度对吸附的影响越大。物理吸附，一般吸附热较小，温度变化对吸附的影响不大。对于化学吸附，低温时吸附量随温度升高而增加。温度对吸附物的溶解度有影响，吸附物的溶解度随温度升高而增大者，升温不利于吸附，适用低温吸附。同时也要考虑吸附速度的影响，在低温时，有些吸附过程往往在短时间内达不到平衡，而升高温度会使吸附速度加快，此时适当提高温度可使吸附量增加。

对蛋白质或酶类的分子进行吸附时，情况有所不同。有人认为，被吸附的高分子是处于伸展状态的，因此这类吸附是一个吸热过程。在这种情况下，温度升高，会增加吸附量。生化物质吸附温度的选择，还要考虑其热稳定性。对酶来说，如果是热不稳定的，一般在0℃左右进行吸附；如果比较稳定，则可在室温操作。对高分子物质的吸附，情况很复杂，在生产中主要靠实践找出适当的条件。

（2）pH　溶液的pH可控制吸附剂或吸附物解离情况，进而影响吸附量，对蛋白质或酶类等两性物质，一般在等电点附近吸附量最大。

（3）盐的浓度　盐类对吸附作用的影响比较复杂，有些情况下盐能阻止吸附，在低浓度盐溶液中吸附的蛋白质或酶，常用高浓度盐溶液进行洗脱。但在另一些情况下盐能促进吸附，甚至有的吸附剂一定要在盐的存在下，才能对某种吸附物进行吸附。例如硅胶吸附某种蛋白质时，硫酸铵的存在，可使吸附量增加。正是因为盐对不同物质的吸附有不同的影响，盐的浓度对于选择性吸附很重要，在生产工艺中也要靠实验来确定合适的盐浓度。

（4）溶剂的影响　单溶剂与混合溶剂对吸附作用有不同的影响。一般吸附物溶解在单溶剂中易被吸附，而溶解在混合溶剂（无论是极性与非极性混合溶剂或者是极性与极性混合溶剂）中不易被吸附。所以一般用单溶剂吸附，用混合溶剂解吸。

4. 吸附物浓度与吸附剂用量

吸附达到平衡时，吸附物的浓度称为平衡浓度。普遍的规律是：吸附物的平衡浓度愈大，吸附量也愈大。当吸附物原始浓度大时，用定量的吸附剂进行吸附，平衡浓度也会大些。一般来说，吸附物浓度大时，吸附量也大。由于杂质的存在，浓度升高后吸附的杂质量也上升，吸附选择性下降。用活性炭脱色和去热原时，为了避免对有效成分的吸附，往往将药液适当稀释后进行。在用吸附法对蛋白质或酶进行分离时，常要求其浓度在1%以下，以增强吸附剂对吸附物的选择性。上面所说的吸附量，是指单位质量吸附剂所吸附物质的量。从分离提纯的角度考虑，还要考虑被吸附物质的总量。也就是说，还应考虑吸附剂的用量。吸附剂用量大时，吸附物的平衡浓度会变小，每克吸附剂所吸附物质的量也会变少，但吸附物质的总量会多些。当然，如吸附剂用量过多，会导致成本增高、吸附选择性差或有效成分的损失。所以吸附剂的用量，应综合各种因素，用实验来确定。

项目二　常用吸附剂

吸附剂按其化学结构可分为两大类：有机吸附剂，如活性炭、淀粉、聚酰胺、纤维素、大孔吸附树脂等；无机吸附剂，如白陶土、氧化铝、硅胶、硅藻土、碳酸钙等。在生化药品生产中常用的吸附剂有活性炭、白陶土、氧化铝、硅胶、大孔吸附树脂等。

一、活性炭

活性炭是一种吸附能力很强的非极性吸附剂，一般为木屑、兽骨、兽血或煤屑等原料高温（800℃）炭化而成，具有价格低、来源广等优点。但不同来源、制法、生产批号的产品，其吸附力就可能不同，很难标准化，结果不易重复。另外，由于活性炭色黑质轻，不易回收利用，往往易污染环境。

根据粗细程度，活性炭可分为粉末活性炭和颗粒活性炭。粉末活性炭比表面积大，吸附能力也强；颗粒活性炭比表面积小，吸附能力较差，但便于装柱使用，静态使用时易与溶液分离。锦纶活性炭是以锦纶为黏合剂，将粉末活性炭制成颗粒，其比表面积介于粉末活性炭和颗粒活性炭，吸附能力较两者弱。

活性炭是一种吸附能力很强的非极性吸附剂，其吸附作用在水溶液中最强，在有机溶液中较弱，溶剂中吸附能力的顺序如下：水 > 乙醇 > 甲醇 > 乙酸乙酯 > 丙酮 > 三氯甲烷。在水溶液中，酸性条件下吸附能力较强，而在 pH 6.8 以上时吸附能力较差。其吸附热原能力以 pH 3~5 为最好。为达到吸附平衡，一般需要20~30min；分次吸附效果较好，故活性炭可分 2~3 次加入。

在一定条件下，吸附物分子结构对活性炭的吸附性能也有较大影响。一般对具有极性基团的化合物吸附力较大；对芳香族化合物的吸附力大于脂肪族化合物；对分子质量大的化合物的吸附力大于对分子质量小的化合物。因此活性炭常用于去除色素和热原等，如在注射液生产中，加入液体 0.02%~1% 的活性炭，可吸附水溶液中的色素、有味物质、酸、碱、盐和热原等，改善注射液的澄明度。在使用活性炭去杂时需注意其用量不宜太大，否则易使精制的物质受到损失。

由于活性炭是一种强吸附剂，对气体的吸附力和吸附量都很大，气体分子占据了活性炭的吸附表面，会造成活性炭"中毒"，使其活力降低，使用前可加热烘干，以除去大部分气体。对于一般的活性炭可在 160℃ 加热干燥 4~5h；锦纶活性炭受热易变形，可于 100℃ 干燥 4~5h。

除用于除杂外，活性炭还可用于生化药物的分离。例如用 766 型颗粒活性炭吸附 CoA：将酵母破壁后的提取液流经 766 型颗粒活性炭柱，流速为 1.9~2.1L/min，吸附完毕后，用水冲洗至流出液澄清，再用 40% 乙醇洗涤，至流出液加 10 倍量的丙酮无白色浑浊，然后改用 3.2% 氨乙醇（40% 乙醇 10kg，加氨水 320mL）洗脱，当出现微黄开始收集，并在 pH 6.0 左右洗脱至加过量丙酮无白色浑浊为止，即可得浓度较高的洗脱液。

二、人造沸石

人造沸石是人工合成的一种无机阳离子交换剂，其分子式为 $Na_2Al_2O_4 \cdot xSiO_2 \cdot yH_2O$，人造沸石在溶液中呈 $Na_2Al_2O_4 \rightleftharpoons 2Na^+ + Al_2O_4^{2-}$，而偏铝酸根与 $xSiO_2 \cdot$

$y\text{H}_2\text{O}$ 紧密结合成为不溶于水的骨架。以 Na_2Z 代表沸石，M^+ 表示溶液中阳离子，则：

$$\text{Na}_2\text{Z} + 2\text{M}^+ \Longrightarrow \text{N}_2\text{Z} + 2\text{Na}^+$$

例如用人造沸石吸附细胞色素 C。将心肌绞碎，用稀硫酸提取，清液用 2mol/L 氨水中和至 pH 6.0，等电点沉淀法除杂蛋白，上清液中加入人造沸石（每升提取液加 10g 人造沸石）搅拌吸附，静置后取出人造沸石分别用蒸馏水、0.2%氯化钠溶液、蒸馏水洗涤，直至洗液澄清，过滤抽干。将人造沸石装柱，用 25%硫酸铵溶液洗脱，流出液变红时开始收集，至红色流尽洗脱完毕，合并洗脱液，再盐析，精制。

三、磷酸钙凝胶

磷酸钙凝胶（Calcium phosphate gel）是生化物质层析分离中的重要无机吸附剂，它适用于蛋白质、核酸等生物大分子的层析分离，它对此类物质不仅具有很高的吸附性能，并能区分其天然和变性的状态，因此在生化药物、基因工程药物的分离纯化中具有独特的效果。磷酸钙凝胶，按制备方法的不同可制成多种形式，如磷酸钙、磷酸氢钙、羟基磷灰石 $\{$又名羟基磷酸钙 $[\text{Ca}_5(\text{PO}_4)_3 \cdot \text{OH}]\}$。

磷酸钙的制备：150mL 氯化钙溶液（每升含 $\text{CaCl}_2 \cdot 6\text{H}_2\text{O}$ 132g）用水稀释至 1600mL，与 150mL 磷酸钠溶液（每升含有 $\text{Na}_3\text{PO}_4 \cdot 12\text{H}_2\text{O}$ 152g）搅拌混合，用稀醋酸调 pH 至 7.1，沉淀用 15~20L 水冲洗，最后沉淀用蒸馏水洗涤，滤干得 9.1g。用时悬浮于蒸馏水中，摇匀，澄清后除去上层水即可应用。在实际应用中，常采用浓磷酸直接加入氢氧化钙溶液中，或者采用磷酸盐溶液加入氯化钙溶液中，通过吸附除去杂蛋白。

磷酸氢钙的制备：0.5mol/L 氯化钙溶液中加入适量的 0.5mol/L 磷酸氢二钠溶液，沉淀用 1%氢氧化钠处理稳定后，即可使用。因其在碱性条件下不稳定，一般在 pH 5~6 使用。

羟基磷酸钙的制备：取 500mL 烧杯一只，装上搅拌机，加热器。另取两只分液漏斗分别装 2000mL 0.5mol/L Na_2HPO_4 和 2000mL 0.5mol/L CaCl_2，开动搅拌机，并将 Na_2HPO_4 和 CaCl_2 等量地加入烧杯中，流速为 12mL/min，滴加完毕后，静置沉淀，倾去上清液，沉淀用 3000mL 蒸馏水洗涤 4 次。将沉淀悬浮于 3000mL 蒸馏水中，加入 100mL 40%氢氧化钠同时开动搅拌机，并在 45min 内加热至沸，继续煮沸 1h，停止加热。静置后，倾去上清液，沉淀用 3000mL 蒸馏水洗 4 次。沉淀加 3000mL 0.01mol/L pH6.8 磷酸缓冲液，搅拌加热至刚刚沸腾，停止加热，静置后倾去上清液，再加入 0.01mol/L，pH 6.8 磷酸缓冲液，搅拌加热煮沸 15min，停止加热，静置后倾去上清液，再加入 0.001mol/L pH 6.8 磷酸缓冲液，搅拌加热煮沸 15min，停止加热，静置后倾去上清液，沉淀中加入 0.001mol/L pH 6.8 磷酸缓冲液，摇匀备用。羟基磷酸钙制备步骤虽然比较繁琐，但操作方便，原料容易获得，是蛋白质纯化的有效方法之一。

磷酸钙凝胶的层析机制与其中的 Ca^{2+} 有关。对于蛋白质，吸附机制是分子中的羧基（COO^-）与在洗脱液中的磷酸根离子（PO_4^{3-}）对吸附剂上 Ca^{2+} 的竞争性作用。对于核酸则也是分子上带负电的磷酸基与 Ca^{2+} 的相互作用，糖和碱基没有直接影响。例如，嘌呤碱和嘧啶碱及其相应的核苷在羟基磷酸钙层析柱上无保留性能，单核苷酸有弱的保留性能，而二或三核苷酸有强的保留作用。多聚核苷酸从羟基磷酸钙层析柱上的洗脱是由于缓冲液中的无机磷酸根和核酸分子上的磷酸残基对吸附剂上的 Ca^{2+} 的竞争作用。

磷酸钙凝胶在生化药品生产中应用广泛，如吸附胰岛素：将胰脏绞碎，立即用含磷酸醇液提取，过滤，向提取液中加入氯化钙溶液，利用生成的磷酸钙凝胶将胰岛素吸附，然后用酸水解吸，进一步盐析，精制。又如在制备链激酶时，用磷酸钙处理去除杂蛋白：经盐析得到链激酶沉淀，捣碎，加适量蒸馏水，并调 pH 至 7.2，使沉淀溶解，再用 10% 氢氧化钠调 pH 至 8.0 ~ 9.0，在充分搅拌下加入 15.2% 磷酸钠溶液 1 份（体积为酶液的 1/10 ~ 1/6），再加 22.6% 醋酸钙溶液 5 份，利用生成磷酸钙凝胶吸附杂蛋白，然后离心分离清液，用 10% 盐酸调 pH7.2，可供下步精制用。

四、 白陶土

白陶土（又称白土、陶土、高岭土）可分为天然白陶土和酸性白陶土两种，常作为某些活性物质分离纯化的吸附剂，也可作为助滤剂与去除热原的吸附剂。天然白陶土的主要成分是含水的硅酸铝，其组成与 $Al_2O_3 \cdot 2SiO_2 \cdot 2H_2O$ 相当。新采出的白陶土含水 50% ~60%，经清洗、干燥压碎后，加热至 420℃ 活化，冷却后再压碎过筛即可使用。经如此处理，白陶土具有大量微孔和大的比表面积（一般为 120 ~ 140m²/g，可称活性白土），能吸附大量有机杂质。将白陶土浸于水中，pH 为 6.5 ~7.5，但由于它能吸附氢离子，所以可起中和强酸的作用。

我国产的白陶土质量较好，色白而杂质少。白陶土作为药用，可吸附毒物，如有毒的胺类物质，食物分解产生的有机酸等，也可能吸附细菌。在生化制药中，白陶土能吸附一些分子质量较大的杂质，包括能导致过敏的物质，也常用它脱色。天然白陶土差别可能很大，所含杂质也会不同。商品药用白陶土或供吸附用的白陶土虽已经过处理，如果产地不同，在吸附性能上也有差别。所以在生产上白陶土产地和规格更换时，要经过试验。临用前，用稀盐酸洗一下并用水冲洗至近中性后烘干，效果较好。

酸性白陶土（也可称酸性白土）的原料是某些斑土，经浓盐酸加热处理后烘干即得。其化学成分与天然白陶土相似，但具有较好的吸附能力，其脱色效率比天然白陶土高许多倍。

五、 氢氧化铝凝胶

在蛋白质及酶的制备中，常用的一种吸附剂是凝胶型氢氧化铝［或称水合氧化铝（$Al_2O_3 \cdot 3H_2O$）］。它是一种将氨水或碱液加入铝盐所形成的一种无定形凝胶，根据制备条件不同，其含水量不同，组成也不一致。应该注意的是：氢氧化铝凝胶的结构和表面状态与生成后放置的时间有关，在放置过程中逐渐转变成结晶的偏氢氧化铝［$AO(OH)$］，一般不太稳定。陈化程度不同的凝胶，其吸附能力不同。

氢氧化铝凝胶的制备：将340g硫酸铝铵溶于500mL水中，将此热溶液迅速投入60℃、3.25L硫酸铵－氨水溶液（含100g硫酸铵和215mL的20%氨水），产生沉淀。继续保温15min（温度60℃），此时产生大量绒毛状沉淀，然后用水稀释至20L，静置沉降后，倾去上清液，同法用水洗两次，再用40mL 20%氨水洗涤，然后再用水洗12～20次后，上层悬浮液不再澄清，继续洗涤2～3次（需好几天），放置几星期后使用。

六、 氧化铝

活性氧化铝是最常用的一种吸附剂，有碱性、中性和酸性之分，特别适用于亲脂性成分的分离，广泛应用于醇、酚、生物碱、染料、甾体化合物、苷类、氨基酸、蛋白质、维生素以及抗生素等物质的分离中。活性氧化铝价廉，再生容易，活性易控制。但操作不便，手续繁琐，处理量有限，因此限制了其在工业生产上的大规模应用。

碱性氧化铝由氢氧化铝经高温（380～400℃，3h）脱水制得，常用于从碳氢化合物中除去含氧化合物，以及某些对碱溶液比较稳定的色素、甾体化合物、生物碱、醇等物质的分离。中性氧化铝由碱性氧化铝为原料制备：碱性氧化铝加3～5倍重量的蒸馏水，在不断搅拌下煮沸10min，倾去上层液体，反复处理至水溶液pH为7.5，经活化后即可使用。中性氧化铝使用最广，适用于酸、酮、醌类以及对酸、碱溶液不稳定化合物的分离。酸性氧化铝制备：将工业氧化铝用水调成糊状，加入稀盐酸，使混合物呈刚果红酸性反应，倾去上层清液，用热水洗至溶液呈刚果红弱紫色，过滤，加热活化备用。酸性氧化铝适用于天然及合成酸性色素及某些醛、酸的分离。

氧化铝的活性与含水量的关系很大，在一定的温度下除去水分后使氧化铝活化。活化了的氧化铝再引入一定量水即可使活性降低。活性与含水量的关系见表5－2。

表5-2　　　　　　　　　　　氧化铝的活性与含水量的关系

氧化铝的活性	Ⅰ级	Ⅱ级	Ⅲ级	Ⅳ级	Ⅴ级
含水量/%	0	3	6	10	15

有人采用恒定活化温度与时间，以获得一定活性的氧化铝，但操作不便，所

需活性较难控制，一般采用一次活化获得较高活性氧化铝，根据实际需要，引入一定量的水分，得到所需的活性氧化铝。

七、 硅胶

层析用硅胶可用 $SiO_2 \cdot nH_2O$ 表示，具有多孔性网状结构（图5-1）。

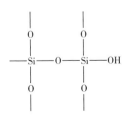

图5-1　层析用硅胶的多孔性网状结构

硅胶表面上带有大量的硅羟基，有很强的亲水性，活性强弱和水的含量有关（表5-3）。

表5-3　　　　　　　　　　　硅胶的活性与含水量的关系

硅胶活性等级	I级	II级	III级	IV级	V级
含水量/%	0	5	15	25	38

硅胶的处理：将市售的用作干燥剂的无色大颗粒硅胶粉碎，过筛，取80～160目的颗粒硅胶50g悬浮于300mL浓HCl中，静置过夜。倾去黄色上清液，加HCl，搅拌后再静置，再倾去上清液，如此反复处理至无色为止。用垂融漏斗过滤，用水洗至无氯离子为止（用倾倒上清液法），过滤，用200mL 95%乙醇洗涤。在室温下挥发去乙醇，在100℃干燥24h，得层析用硅胶。

活化后的硅胶既能吸附非极性化合物，也能吸附极性化合物，可用于芳香油、萜类、固醇类、生物碱、强心苷、蒽醌类、酸性化合物、磷脂类、脂肪类、氨基酸等的吸附分离。在前列腺素（PG）的制备中，应用硅胶柱分离PGE、PGA、PGF等效果良好。

八、 硅藻土

硅藻土的主要成分是无定形的二氧化硅，由硅藻的遗体沉积而成。商品硅藻土是经过盐酸洗涤和煅烧去除杂质后的产品。硅藻土具有吸附大量液体的能力，由于化学性质稳定，具有吸附能力弱的特点，它是一种很好的助滤剂和澄清剂。

九、 滑石粉

滑石粉的成分为偏硅酸镁，用 $[Mg_3H_2(SiO_3)_4]$ 表示。我国东北和山东产的滑石杂质较少。一般滑石都含有铁、钙和镁的化合物如碳酸盐。天然的粗品，可用稀盐酸加热煮沸并洗涤以除去这些杂质。

滑石粉以不易起反应和吸附能力弱为特点，可作助滤剂。有些药液，用经过115℃、1h 活化的滑石粉，趁热加入，可吸附少量多糖类杂质，效果较好。利用滑石粉弱的吸附性能，用大量滑石粉处理有效成分的稀溶液时，有效成分损失不明显。

十、皂土

皂土（Bentonite）也称膨润土或浆土，其主要成分是铝和镁的硅酸盐。它的带电部分能结合金属离子，多肽和碱性蛋白是核酸酶的抑制剂。将其按 10g/L 悬浮于pH 7.5 的 0.1mol/L EDTA 钠盐中，25℃搅拌 48h，可除去金属离子杂质并增强其吸附力。产地及处理方法不同使皂土的吸附能力有较大的差别。

十一、聚酰胺

聚酰胺是一类化学纤维的原料，国外称为尼龙，我国称锦纶，对黄酮等酸性物质有选择性的可逆吸附作用。适于吸附分离黄酮类、酚类、芳香族酸类、鞣质、蒽醌类和芳香硝基化合物等。聚酰胺熔点在 200℃ 以上，易溶于浓盐酸、热甲酸、乙酸、苯酚等溶剂，不溶于水、甲醇、乙醇、丙酮、乙醚、三氯甲烷、苯等常用的有机溶剂。对碱稳定，但对酸的稳定程度较差（尤其是无机酸），热时更为敏感。

锦纶分子内含有很多酰胺键，它能和酚类、酸类、醌类、硝基化合物等形成氢键，因而对这些物质产生吸附作用。各种物质由于与锦纶形成氢键的能力不同，锦纶对它们的吸附力也不相同。一般形成的氢键基团多，吸附力大，对能形成分子内氢键的化合物吸附力较小。

锦纶和各类化合物形成氢键的能力和溶剂的性质有密切关系。通常在碱性水溶液中，锦纶和其他化合物形成氢键的能力最弱；在有机溶剂中，形成氢键的能力稍强；在水中形成氢键能力最强。

项目三　吸附层析法

吸附层析法是分离、纯化和鉴定有机物的重要方法。它是根据混合物中各组分的分子结构和性质（极性）来选择合适的吸附剂和洗脱剂，从而利用吸附剂对各组分吸附能力的不同及各组分在洗脱剂中的溶解性能不同达到分离目的。通常在玻璃层析柱中装入表面积很大、经过活化的多孔性或粉状固体吸附剂（常用的吸附剂有氧化铝、硅胶等）。当混合物溶液流过吸附柱时，各组分同时被吸附在柱的上端，然后从柱顶不断加入溶剂（洗脱剂）洗脱。由于不同化合物吸附能力不

同，从而随着溶剂下移的速度不同，于是混合物中各组
分按吸附剂对它们所吸附的强弱顺序在柱中自上而下形
成了若干谱带，如图5-2所示。

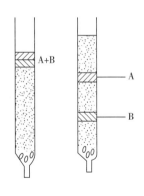

在洗脱过程中，柱中连续不断地发生吸附和洗脱交
替现象。被吸附的组分被洗脱出来后，随着溶剂向下移
动，又遇到新的吸附剂颗粒将组分吸附，而继续流下的
溶剂又洗脱组分向下移动，这样经过一段时间后，各种
组分就可以完全分开，继续用溶剂洗脱，吸附能力最弱
的组分随溶剂首先流出，再继续加溶剂直至各组分依次
全部洗出为止，分别收集各组分。

图5-2 谱带的展开

吸附层析分离技术的一般操作包括吸附剂的选择和
预处理、上样、吸附操作、解吸附操作、吸附剂再生等过程，如图5-3所示。

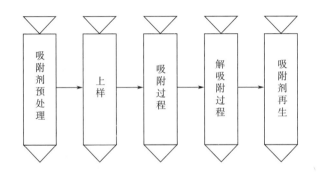

图5-3 吸附层析操作过程

一、 吸附剂的选择与预处理

吸附分离技术主要依靠吸附剂对不同物质吸附力的差异，因此吸附剂的选择
是吸附分离技术的关键问题。选择吸附剂时基于以下要求。

（1）具有较大的表面积与足够的吸附能力，能使样品各组分达到预期的分离。

（2）对不同的组分有不同的吸附量，能较好地把不同组分分离。

（3）与洗脱剂、溶剂及样品中各组分不起化学反应。

（4）在所用的溶剂及洗脱剂中不溶解。

（5）吸附剂的颗粒应有一定的细度，颗粒均匀，在操作过程中不会碎裂。

很多吸附剂可以不经过处理就直接使用，但有的吸附剂由于含有某些杂
质、吸附力较弱，需先进行预处理，以得到合理的性能。首先可用过筛办法，
取得大小比较均匀的颗粒。从分离性能上讲，以细小的较好，但过细则液体流
速降低，操作时间很长，习惯多用100~200目颗粒。如果吸附剂含有一些杂
质，可以用有机溶剂如甲醇、乙酸乙酯等浸泡处理，再用沸水处理，最后还需

要"活化",即加热处理除去水分。因为水分含量影响活性,水分越多,活性越低,即吸附能力越低。一般来讲,活化温度越高、时间越长,吸附剂的活性也越大。

以层析用氧化铝的预处理为例,操作步骤如下:将500g氧化铝加入1000mL乙酸乙酯中充分振摇,放置两日后,过滤。滤出的乙酸乙酯经重蒸回收。氧化铝挥发除去乙酸乙酯后,加1000mL甲醇浸泡,过滤。氧化铝再用蒸馏水充分洗涤至中性。在室温干燥后,于105℃烘烤4h。过筛,收集80~200目中性氧化铝,可作薄层层析用。过筛的氧化铝在200℃活化4h,可得Ⅰ、Ⅱ级中性活性氧化铝。酸性氧化铝的预处理:将工业氧化铝或活性氧化铝500g,加入1000mL 1% HCl溶液浸泡24h,多次振摇,过滤。氧化铝用蒸馏水洗至pH为4~5,于室温放置干燥,然后在105℃烘烤4h,过筛。再于180℃活化3h,得酸性氧化铝。

二、溶剂的确定与洗脱

吸附层析的溶剂与洗脱剂二者无根本区别。通常把溶解样品的液体介质称为溶剂,把洗脱吸附柱的溶液称为洗脱剂。二者常是同一物质,不过用途不同而已。溶剂和洗脱剂应符合以下条件。

(1)纯度合格,因为杂质常会影响洗脱及吸附能力。

(2)与样品或吸附剂不发生化学变化。

(3)能溶解样品中的各成分。

(4)溶剂被吸附剂吸附越少越好。

(5)黏度小,易流动,不致使洗脱太慢。

(6)容易与目的物分开

溶剂与洗脱剂的选择,可根据样品组分的溶解度、吸附剂的性质、溶剂极性等方面来考虑,通过实验来最后确定。常用的溶剂,按其极性由小到大排列顺序如下:石油醚、环己烷、四氯化碳、三氯己烷、甲苯、苯、二氯甲烷、乙醚、氯仿、乙酸乙酯、丙酮、正丙醇、乙醇、甲醇、水、吡啶、乙酸等。

对于极性溶质,极性大的溶剂洗脱能力就大。可用极性小的溶剂溶解样品,配成溶液,溶质组分易被极性吸附剂吸附,然后再换用极性大的溶剂作洗脱剂。在实验室中如采用氧化铝或硅胶为吸附剂时,所用的洗脱剂,应先从极性低的开始,以后逐渐增加极性,如样品极性低,能配成石油醚溶液,则洗脱剂先用石油醚,待石油醚不再有成分洗下时,再加大洗脱剂的极性,而且极性应逐渐加大,继石油醚后可用石油醚与苯的混合溶剂,苯的比例由低向高递增。如依次为1%、2%、5%、10%、20%、50%,直至纯苯。在苯以后可用苯与乙醚或氯仿的混合溶剂,其中乙醚和氯仿的比例亦是由低开始,极性逐渐增加到纯氯仿或乙醚。然后再用乙酸乙酯或氯仿或乙醚的混合溶剂洗脱。

采用活性炭为吸附剂时，按下列次序选择溶剂可使洗脱能力递增：水、乙醇、甲醇、乙酸乙酯、丙酮、氯仿。最常用的是水和由稀至浓的乙醇水溶液的梯度洗脱，或用含 3.5% 氨水的乙醇溶液；也有用 5% ~ 10% 苯酚水溶液等洗脱。

如用聚酰胺层析，按下列次序选择溶剂可使洗脱能力递增：水 < 甲醇（或乙醇）< 丙酮 < 稀氨水 < 二甲基甲酰胺（DMF）。

项目四 大孔网状聚合物吸附剂

在生产实践中，有一些离子交换树脂可用作吸附剂，如酚 - 甲醛缩合树脂很早就用作吸附脱色，丙烯酸 - 二乙烯苯羧基树脂用于维生素 B_{12} 的吸附提取等。在这种情况下，并不发生离子交换，而是依靠树脂骨架和溶质分子之间的分子吸附。由此人们想到，将大孔网状离子交换树脂去掉其功能团，而保留其多孔的骨架，其性质就和活性炭、硅胶等吸附剂相似，称为大孔网状聚合物（树脂）吸附剂。

与活性炭等经典吸附剂相比，大孔网状聚合物吸附剂具有选择性好、解吸容易、理化性质稳定、机械强度好、可反复使用和流体吸力较小等优点。特别是可按照需要，通过不同的原料和合成条件改变其孔隙大小、骨架结构和极性，因此适用于吸附各种有机化合物。在抗生素工业中，大孔网状吸附剂已用于头孢菌素、维生素 B_{12} 和林可霉素等的提取。对于一些属于弱电解质或非离子型的抗生素，过去不能用离子交换法提取的，现在可考虑使用大孔网状聚合物吸附剂。

大孔网状聚合物吸附剂是一种非离子型共聚物，它能够借助范德华力从溶液中吸附各种有机物质。它的吸附能力不但与树脂的化学结构和物理性能有关，而且与溶质及溶液的性质有关。一般非极性吸附剂（由苯乙烯和二乙烯苯聚合而成的芳香族吸附剂）适宜于从极性溶剂中吸附非极性物质，中等极性吸附剂（具有甲基丙烯酸酯的脂肪族吸附剂）对于极性物质和非极性物质都具有吸附作用，而高极性吸附剂（含有磺酸、酰胺等基团）适宜于从非极性溶剂中吸附极性物质。当采用大孔网状聚合物非极性吸附剂从极性的水溶液中吸附同族化合物时，一般同族化合物的分子质量越大，极性越弱，吸附量就越大。

一、大孔网状聚合物吸附剂分类

大孔网状聚合物吸附剂按骨架极性强弱，可分为非极性、中等极性和极性吸附剂 3 类。非极性吸附剂系由苯乙烯和二乙烯苯聚合而成，故也称为芳香族吸附剂。中等极性吸附剂具有甲基丙烯酸酯的结构（以多功能基团的甲基丙烯酸作为交联剂），也称为脂肪族吸附剂。美国罗姆 - 哈斯（Rohm and Haas）公司首先于 1966—1967 年开始生产大孔网状吸附剂，现将该公司生产的 Amberlite XAD 系列大孔网状吸附剂的物理性能列于表 5 - 4 中。此外，日本三菱化成公司生产的大孔网状吸附剂，称为 Diaion HP 树脂，属于非极性吸附剂，相当于 XAD － 4，其性能见表 5 － 5。各种类型的大孔网状聚合物吸附剂的大致结构见图 5 － 4 至图 5 － 9。

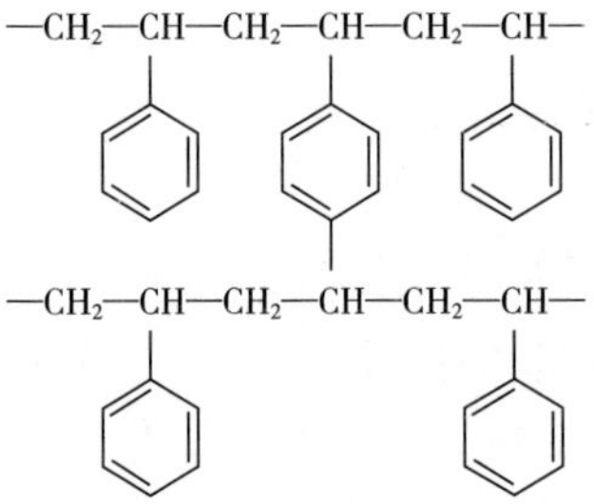

图 5 － 4　XAD － 2，4 的结构

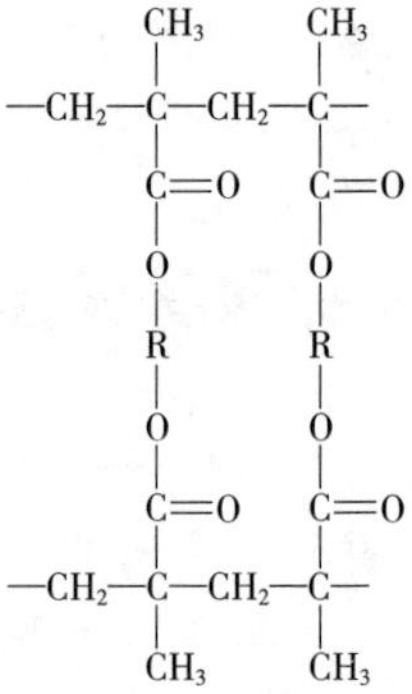

图 5 － 5　XAD － 7 的结构

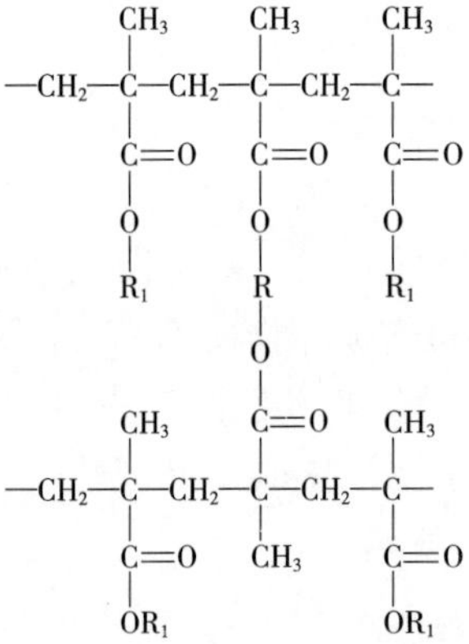

图 5 － 6　XAD － 8 的结构

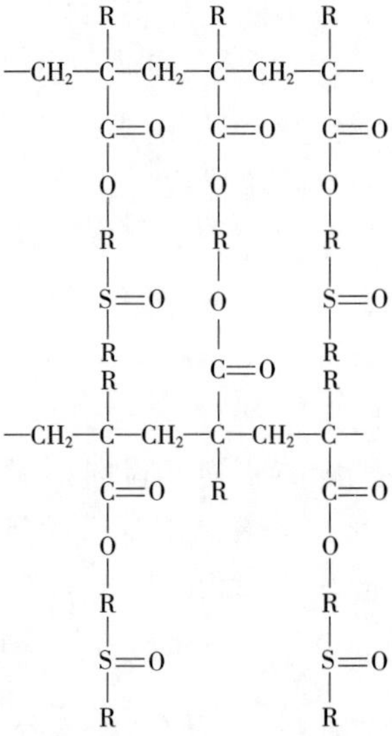

图 5 － 7　XAD － 9 的结构

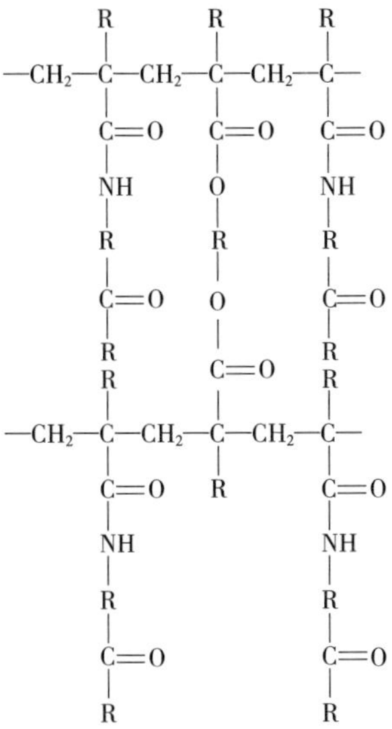

图 5-8　XAD-11 的结构

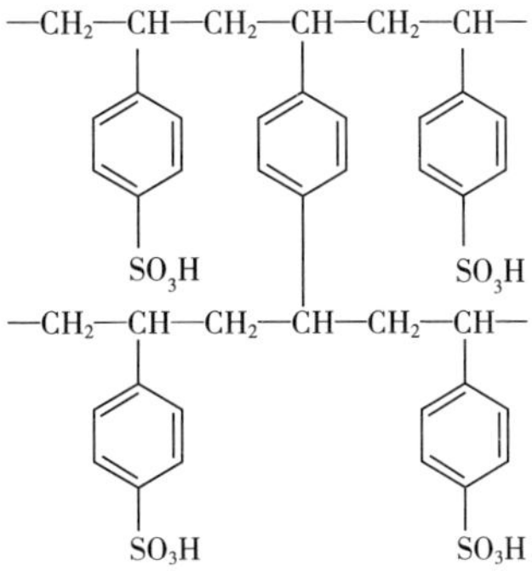

图 5-9　XE 284 的结构

表 5-4 中空隙度指吸附剂中空隙所占的体积分数。孔容指每克吸附剂所含的空隙体积。骨架密度指吸附剂骨架的密度，即每毫升骨架（不包括空隙）的质量（g）。湿真密度指空隙充满水时的密度，在实际使用时湿真密度不能小于 1，否则树脂就要上浮。偶极矩可以表征极性的强弱，偶极距越大，极性越强。

表 5-4　　　　　　　　　　　Amberlite 大孔网状吸附剂的物理性质

吸附剂		功能团	氮孔率		汞孔率		比表面积/ (m^2/g)	平均孔径/ Å	骨架密度/ (g/cm^3)	湿真密度/ (g/cm^3)	偶极矩
			空隙度/ %	孔容/ (mL/g)	空隙度/ %	孔容/ (mL/g)					
非极性芳香族吸附剂	XAD-1	苯乙烯二乙烯苯	35.0	—	—	—	100	205	1.06	1.02	—
	XAD-2	苯乙烯二乙烯苯	42.0	0.693	39.3	0.648	300	90	1.081	1.02	0.3
	XAD-3	苯乙烯二乙烯苯	38.7	—	—	—	526	44	—	—	
	XAD-4	苯乙烯二乙烯苯	51.3	0.998	50.2	0.976	784	50	1.058	1.02	
	XAD-5	苯乙烯二乙烯苯	43.4	—	—	—	415	68	—	—	
中等极性吸附剂	XAD-6	甲基丙酸酯	49.3	—	—	63	498	—	—	—	
	XAD-7	甲基丙酸酯	55.0	1.080	58.2	1.144	450	90	1.251	1.05	1.8
	XAD-8	甲基丙酸酯	52.4	0.822	51.9	0.787	140	235	1.259	1.09	—

续表

吸附剂	功能团	氮孔率		汞孔率		比表面积/ （m²/g）	平均孔径/ Å	骨架密度/ （g/cm³）	湿真密度/ （g/cm³）	偶极矩
		空隙度/ %	孔容/ （mL/g）	空隙度/ %	孔容/ （mL/g）					
XAD－9	硫氧基	44.9	0.609	40.2	0.545	69	366	1.262	—	3.3
XAD－10	酰胺	—	—	—	—	69	352	—	—	—
XAD－11	酰胺	41.4	0.616	—	—	69	352	1.209	—	3.9
XAD－12	N－O基	45.1	0.787	50.4	0.880	22	1300	1.169	—	4.5
XE284	磺酸	47.2	0.657	39.1	0.544	571	44	1.437	—	>5.0

注："—"没有实验数据支持。

表 5－5　　　　　　　　　　Diaion 大孔网状吸附剂的物理性质

吸附剂	比表面积 / （m²/g）	孔容 / （mL/g）	孔半径 /Å	吸附剂	比表面积 / （m²/g）	孔容 / （mL/g）	孔半径 /Å
HP－10	501.3	0.64	300	HP－40	704.7	0.63	250
HP－20	718.0	1.16	460	HP－50	589.8	0.81	900
HP－30	570.0	0.87	250				

大孔网状聚合物吸附剂在生化制药中的应用日益增多。对于在水中溶解度不大，而较易溶于有机溶剂中的药物，可考虑用大孔网状聚合物吸附剂。大孔网状非极性吸附剂从极性溶液中吸附时，溶质分子的憎水部分优先被吸附，而它的亲水部分在水相中定向排列。中等极性吸附剂从非极性溶剂中吸附时，溶质分子以亲水性部分吸着在吸附剂上；而当它从极性溶剂中吸附时，则可同时吸附溶质分子的极性和非极性部分。和离子交换不同，无机盐类对吸附不仅没有影响，反而会使吸附量增大些。因此用大孔网状吸附剂提取有机物时，不必考虑盐类的存在，这也是大孔网状聚合物吸附剂的优点之一。

二、　大孔网状聚合物选择与预处理

在选择树脂时还要考虑树脂孔径的影响。溶质分子要通过孔道而到达吸附剂内部表面，因此吸附有机大分子时，孔径必须足够大，但孔径增大，吸附表面积就要减少，同时亦使吸附的选择性下降。经验表明，树脂孔径等于溶质分子直径的 6 倍比较合适。例如吸附酚等分子较小的物质，宜选用孔径小、表面积大的XAD－4，而对吸附烷基苯磺酸钠，则宜用孔径较大，表面积较小的 XAD－2 吸附剂。由于不同厂家在合成树脂时条件不完全相同，大孔网状树脂比表面积、孔径等物理性质也会有差异，吸附性能也不尽相同，因而实际应用中常选用不同厂家、不同型号的大孔网状树脂，通过试验选择吸附量大、易解吸且吸附选择性较高的树脂。

由于合成的大孔网状树脂可能会有小分子单体或其他杂质等残留，影响生物样品的分离纯化，因而新购进的树脂使用前须进行预处理。通常使用的预处理方法是用甲醇洗涤，直至洗出液加水不出现浑浊。

三、大孔网状聚合物的解吸

大孔网状聚合物吸附剂对有机物质的吸附能力一般低于活性炭，解吸比较容易。常用低级醇、酮或水溶液解吸。大孔网状聚合物吸附剂解吸用的溶剂应符合两个要求：一是溶剂应能使聚合物吸附剂溶胀，这样可减弱溶质与吸附剂之间的吸附力。二是所选用的溶剂应容易溶解吸附物，因为解吸时不仅必须克服吸附力，而且当溶剂分子扩散到吸附中心后，应能使溶质很快溶解。溶剂对聚合物的溶胀能力可用溶解度参数 δ 来表征。当溶剂的溶解度参数和聚合物的溶解参数接近时，溶剂越易溶解聚合物。而聚苯乙烯等聚合物的溶解度参数 ≈ 9，所以下列溶剂的解吸能力逐渐降低（表 5 - 6）。

表 5 - 6　　　　　　　　　一些溶剂的溶解度参数（δ）

溶剂	2 - 丁酮	2 - 丙酮	丁醇	丙醇	乙醇	甲醇	水
δ	9.3	10.0	11.4	11.9	12.7	14.5	23.2

对弱酸性物质可用碱来解吸。如 XAD - 4 吸附酚后，可用 NaOH 溶液解吸，此时酚转变为酚钠，亲水性较强，因而吸附较差。NaOH 最适浓度为 $0.2\% \sim 0.4\%$，注意超过此浓度由于盐析作用对解吸反而不利。对弱碱性物质可用酸来解吸。如吸附在高浓度盐类溶液中进行，则常常仅用水洗就能解吸下来。对于易挥发溶质可用热水或蒸汽解吸。

四、大孔网状聚合物再生

大孔网状聚合物树脂经反复使用后，树脂表面及内部残留许多杂质使柱颜色变深，柱效降低，需要再生。根据处理的样品中杂质不同，再生的方法也不相同，多用一种或数种有机溶剂清洗，如分别用甲醇、丙酮和乙酸乙酯洗涤，即可恢复树脂的吸附性能。一般用95%乙醇洗至无色后用大量水洗去醇即可。如树脂颜色变深可用稀酸或稀碱洗脱后水洗。如柱上方有悬浮物可用水或醇从柱下进行反洗将悬浮物洗出。大孔网状聚合物树脂经多次使用有时柱床挤压过紧或树脂颗粒破碎影响流速，可从柱中取出树脂，盛于一较大容器中，用水漂洗除去小颗粒或悬浮物再重新装柱使用。

【思考题】

1. 药品精制过程中常用的吸附剂有哪些？

2. 溶剂洗脱的一般规律是什么？

3. 吸附剂如何进行预处理？

4. 层析柱中若留有空气或装填不匀，会怎样影响分离效果？如何避免？

实训案例5 柱层析分离植物色素

一、实训目的

1. 通过绿色植物色素的提取和分离，了解天然物质分离提纯方法。

2. 通过柱层析分离操作，掌握柱层析的基本原理和基本操作技术。

二、实训原理

绿色植物如菠菜叶中含有叶绿素（绿）、胡萝卜素（橙）和叶黄素（黄）等多种天然色素。叶绿素存在两种结构相似的形式即叶绿素 a 和叶绿素 b，其差别仅是叶绿素 a 中一个甲基在叶绿素 b 中被甲酰基所取代。它们都是吡咯衍生物与金属镁的络合物，是植物进行光合作用所必需的催化剂。植物中叶绿素 a 的含量通常是 b 的 3 倍。尽管叶绿素分子中含有一些极性基团，但较大的烃基结构使它易溶于醚、石油醚等一些非极性的溶剂。

胡萝卜素是具有长链结构的共轭多烯。它有 3 种异构体，即 $\alpha-$、β 和 $\gamma-$ 胡萝卜素，其中 $\beta-$ 异构体含量最多。在生物体内，$\beta-$ 胡萝卜素酶催化氧化即形成维生素 A。$\beta-$ 胡萝卜素可作为食品工业中的色素。

叶黄素是胡萝卜素的羟基衍生物，它在绿叶中的含量通常是胡萝卜素的两倍。与胡萝卜素相比，叶黄素较易溶于醇而在石油醚中溶解度较小。本实验是用活性氧化铝作吸附剂，分离菠菜中的胡萝卜素、叶黄素、叶绿素 a 和叶绿素 b。

三、实训材料

研钵、布氏漏斗、圆底烧瓶、直形冷凝管、层析柱、抽滤瓶、烧杯、铁架台、脱脂棉、海沙、中性氧化铝、乙醇、石油醚（60～90℃）、丙酮、菠菜叶。

四、实训步骤

1. 菠菜色素的提取

称取 5g 洗净后的新鲜菠菜叶，用剪刀剪碎后放入研钵，稍加研磨后加入约 15mL 3:2（体积比）的石油醚/乙醇混合液，继续研磨约 5min，然后用布氏漏斗抽滤菠菜汁，弃去滤渣（可以用相同的方法再提取一次，合并滤液）。

将滤液转入分液漏斗，加入 30mL 水萃取洗涤（分两次，每次 15mL），以彻底除去萃取液中的乙醇。洗涤时要轻轻旋荡，防止产生乳化。处于上层的石油醚层用无水硫酸钠干燥后滤入圆底烧瓶，在水浴上蒸去大部分石油醚至体积约为 2mL 为止。

2. 装柱

取一支洁净干燥的层析柱玻管，自柱口塞入少许脱脂棉并用长玻棒推至柱底压平（塞时不宜太紧）。从柱口小心装入活性氧化铝（160～200目，于300～400℃活化3～4h），边装边轻轻敲打层析柱，使填装紧密均匀，直至氧化铝粉柱高达8cm时为止。然后在柱顶再加上一层0.5cm高的海沙。将此层析柱固定在铁架台上，下面接一个干净的抽滤瓶，装置如图1所示。

3. 加样

打开层析柱下端活塞，将抽滤瓶与水泵相连，抽气减压。用小烧杯从柱口沿管壁小心加入石油醚流出（切勿把氧化铝表面冲起）。当柱顶尚留有1～2mL石油醚时，停止减压（使用前抽滤瓶应该干燥，这样回收的石油醚倒出后，可以用于配制洗脱液），加入混合溶液2mL（预先准备好的浓缩液）。待色素全部进入柱体后，在柱顶小心加洗脱剂石油醚/丙酮溶液9:1（体积比）。打开活塞，让洗脱剂逐滴放出，层析即开始进行，用锥形瓶收集。当第一个有色成分即将滴出时，取另一锥形瓶收集，得橙黄色胡萝卜素溶液。

用石油醚/丙酮7:3（体积比）作洗脱剂，分出第二个黄色带，即叶黄素。再用丁醇/乙醇/水3:1:1或者用石油醚/丙酮（1:1）（均为体积比）溶液洗脱叶绿素a（蓝绿色）和叶绿素b（黄绿色）。收集各色带后，转入棕色瓶低温保存。

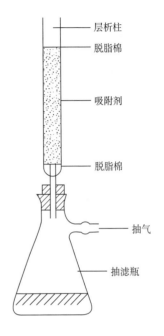

图1　实验装置图

五、讨论

1. 层析柱装填紧密与否，对分离效果影响很大。若柱中留有气泡或各部分松紧不匀（更不能有断层）时，会影响渗透速度和显色的均匀。

2. 在吸附柱上端加入海沙是为了加样品和洗脱剂时不致把吸附剂冲起，影响分离效果；在吸附柱下端加入脱脂棉是为了防止吸附剂细粒流出。

3. 为了保持吸附柱的均一性，应该使整个吸附剂浸泡在溶剂或溶液中，即从第一次注入乙醇起直至实验完毕，绝不能让柱内液体的液面降至沙层之下。否则当柱中溶剂或溶液流干时，会使柱身干裂。若再重新加入溶剂，会使吸附柱的各部分不均匀而影响分离效果。

4. 比较叶绿素、叶黄素和胡萝卜素3种色素的极性，为什么胡萝卜素在层析柱中移动最快？

模块五

凝胶层析技术

凝胶层析是以多孔性凝胶填料为固定相，按分子大小差异分离样品中各组分的液相层析方法，是分离纯化生物大分子的重要手段之一，常用于分离分子大小不同，但理化性质相似，用其他方法较难分开的生物大分子。常见的凝胶有葡聚糖凝胶、聚丙烯酰胺凝胶、琼脂糖凝胶、疏水性凝胶、多孔硅胶、多孔玻璃珠等。

项目一 凝胶层析基本原理

凝胶层析又称凝胶排阻层析、分子筛层析、凝胶过滤、凝胶渗透层析等。将样品混合物通过一定孔径的凝胶固定相，由于各组分分子大小的差异，造成流经体积不同，从而使不同分子（分子质量）大小的组分得以分离的层析（又称色谱）方法。

1959年，Porth和Flodin首次用一种多孔聚合物——交联葡聚糖凝胶作为柱填料，分离水溶液中不同分子质量的样品，称为凝胶过滤。1964年，Moore制备了具有不同孔径的交联聚苯乙烯凝胶能够在有机溶剂中进行分离称为凝胶渗透层析（流动相为有机溶剂的凝胶层析一般称为凝胶渗透层析）。随后，这一技术得到不断完善和发展，广泛用于蛋白质（包括酶）、核酸、多糖等生物分子的分离纯化，同时还应用于蛋白质分子质量的测定、脱盐、样品浓缩等。

凝胶层析是生物化学中一种常用的分离手段，它具有以下优点：

（1）设备简单、操作方便。

（2）样品回收率高、实验重复性好。

（3）不改变样品生物学活性。

（4）分离条件缓和等。

一、凝胶层析基本原理

凝胶层析是以多孔性凝胶填料为固定相，按分子大小差异分离样品中各组分的液相色谱方法。凝胶层析的固定相是惰性的珠状凝胶颗粒，凝胶颗粒内部具有立体网状结构，形成很多孔穴，由于其有很大的比表面积，因此其吸附能力很强。当含有不同分子大小组分的样品进入凝胶层析柱后，各个组分就向固定相内扩散，组分的扩散程度取决于孔穴的大小和组分分子大小，见图6-1。

（1）比孔穴孔径大的分子不能扩散到孔穴内部，完全被排阻在孔外（全排阻），只能在凝胶颗粒间隙随流动相向下流动，它们经历的流程短，流动速度快，所以首先流出。

（2）比孔穴孔径小的分子除了可在凝胶颗粒间隙中扩散之外，还可渗透进入凝胶颗粒的微孔之中，即进入凝胶相内（全渗入）。因此，在向下移动的过程中，要等待它们从凝胶内扩散至颗粒间隙后才能再进入另一凝胶颗粒，由于凝胶颗粒的吸附作用，其扩散和流动速度慢，经历的流程长，所以最后流出。

（3）分子大小介于二者的分子可以部分渗透，渗入的程度取决于它们分子的大小，所以它们流出的时间介于二者。

实际上，由于凝胶孔径不可能完全相同，如此不断地渗透和扩散的结果，分子越大的组分越先流出，分子越小的组分越后流出。这样，样品经过凝胶层析后，各个组分便按分子从大到小的顺序依次流出，从而达到了分离的目的。

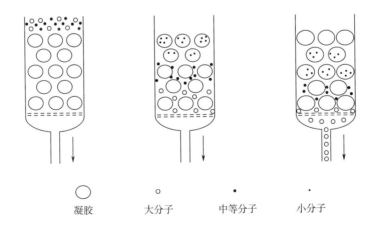

凝胶　　　　大分子　　　　中等分子　　　　小分子

图6-1　凝胶层析原理示意图

二、 凝胶层析相关概念

1. 外水体积

凝胶柱中凝胶颗粒周围间隙的空间体积，也就是凝胶颗粒间液体流动相的体积（用 V_0 表示）。

2. 内水体积

凝胶颗粒内部微孔体积，凝胶层析中固定相体积就是指内水体积（用 V_i 表示）。可用干凝胶的总质量（m）与每克干凝胶吸水量（W_r）的乘积求得。即 $V_i = m \times W_r$。

3. 基质体积

凝胶颗粒实际骨架体积（凝胶的干体积 V_g）。

4. 柱床体积

总的凝胶床体积（用 V_t 表示），可由层析柱的体积计算出来，即：

$$V_t = 1/4R^2h\pi$$
$$V_t = V_0 + V_i + V_g$$

式中　　R——直径

　　　　h——柱高度

5. 洗脱体积

将样品中某一组分洗脱下来所需洗脱液的体积（流经体积用 Ve 表示）。

6. 分离范围

由于凝胶孔径大小很难用长度单位量化，常用相对分子质量大小来表示，一般认为分子的大小和其相对分子质量呈正相关，分离范围由渗入限和排阻限组成。如葡聚糖凝胶 SephadexG - 50 的分离范围：1500 ~ 30000，其中"1500"称为"渗入限"，表示为对分子质量小于 1500 的样品分子在 SephadexG - 50 中能"全渗入"；"30000"称"排阻限"，表示相对分子质量大于 30000 的样品分子在 Sepha-dexG - 50 中"全排阻"。

项目二　凝胶的种类和性质

一、 葡聚糖凝胶

葡聚糖凝胶常见的有两大类，商品名分别为 Sephadex G 和 Sephacryl。葡聚糖凝胶 Sephadex G 系列由葡聚糖（Dextran）经环氧氯丙烷交联而成，交联度通过环氧氯丙烷的加量及反应条件控制。Sephadex G 的主要型号有 G - 10 ~ G - 200，G 后面的编号是凝胶的吸水率（单位是 mL/g 干胶）乘以 10。如 Sephadex G - 50，表示吸水率是 5mL/g 干胶，见表 6 - 1。

表 6-1 葡聚糖凝胶（G 类）的性质

凝胶规格		吸水量 /（mL/g 干凝胶）	溶胀体积 /（mL/g 干凝胶）	分离范围		不同温度下 浸泡时间/h	
型号	干粒直径 /（μm）			肽或球状 蛋白质	多糖	20℃	100℃
G-10	40~120	1±0.1	2~3	~700	~700	3	1
G-15	40~120	1±0.1	2.5~3.5	~1500	~1500	3	1
G-25	粗粒100~300 中粒50~150 细粒20~80 极细10~40	2±0.2	4~6	1000~5000	100~5000	3	1
G-50	粗粒100~300 中粒50~150 细粒20~80 极细10~40	5±0.3	9~11	1500~30000	500~10000	3	1
G-75	40~120 极细10~40	7±0.5	12~15	3000~70000	1000~50000	24	3
G-100	40~120 极细10~40	10±1.0	15~20	400~150000	1000~100000	72	5
G-150	40~120 极细10~40	15±1.5	20~30 18~20	500~400000	1000~150000	72	5
G-200	40~120 极细10~40	20±2.0	30~40 20~24	500~800000	1000~200000	72	5

（1）Sephadex G 的亲水性很好，在水中极易膨胀，不同型号的 Sephadex G 的吸水率、孔穴大小和分离范围不同。数字编号越大的，分离范围也越大，见表 6-2。

表 6-2 葡聚糖凝胶的性能与交联度关系

编号	交联度	吸液量	溶胀速度	凝胶网孔	分离限	凝胶强度	流速
大	小	大	慢	大	大	小	慢
小	大	小	快	小	小	大	快

（2）Sephadex G 在水溶液、盐溶液、碱溶液、弱酸溶液以及有机溶剂中都比较稳定，可以多次重复使用。低温时，在 0.1mol/L 盐酸中保持 1~2h 不改变性质；室温时，在 0.01mol 盐酸中放置半年也不改变；在 0.25mol/L 氢氧化钠中，60℃两个月没有发现改变。

（3）Sephadex G 稳定工作的 pH 一般为 2～10。强酸溶液和氧化剂会使交联的糖苷键断裂，所以要避免 Sephadex G 与强酸和氧化剂接触。

（4）Sephadex G 在高温下稳定，可以煮沸消毒。100℃下加热 40min 对凝胶的结构和性能没有明显的影响，120℃加热 30min 灭菌不会被破坏，但高于 120℃ 即变黄。湿状贮存易长霉。若长时间不用，需加防腐剂。

（5）Sephadex G 由于含有羟基，故呈弱酸性，这使得它有可能与分离物中的一些带电基团（尤其是碱性蛋白）发生吸附作用。但一般在离子强度大于 0.05 的条件下，几乎没有吸附作用。所以在用 Sephadex G 进行凝胶层析实验时常使用一定浓度的盐溶液作为洗脱液，这样就可以避免 Sephadex G 与蛋白发生吸附。

（6）Sephadex G 有各种颗粒大小（一般有粗、中、细、超细）可以选择，一般粗颗粒流速快，层析分辨率较差；细颗粒流速慢，层析分辨率高。要根据分离要求来选择颗粒大小。

（7）Sephadex G 的机械稳定性相对较差，它不耐压，分辨率高的细颗粒要求流速较慢，所以不能实现快速而高效的分离。

另外，在 Sephadex G－25 中引入羟丙基，形成 LH 型烷基化葡聚糖凝胶，型号为 Sephadex LH－20，可用有机溶剂为流动相，以分离脂溶性物质，例如胆固醇、脂肪酸、激素等。

Sephacry 系列凝胶是一种改进的葡聚糖凝胶。它的分离范围很大，远远大于 Sephadex 的范围。它不仅用于分离一般蛋白，也可以用于分离蛋白多糖、质粒，甚至较大的病毒颗粒。它的化学和机械稳定性更高，耐高温，在各种溶剂中很少发生溶解或降解，可以用各种去污剂、胍、脲等作为洗脱液。Sephacry 稳定工作的 pH 一般为 3～11。机械性能较好，比较耐压，可以较高的流速洗脱，分辨率也较高。所以 Sephacry 相比 Sephadex G 可以实现相对比较快速而且较高分辨率的分离。

二、 聚丙烯酰胺凝胶

聚丙烯酰胺凝胶（Polyacrylamide），商品名为生物凝胶－P、Bio－Gel P，主要型号有 Bio－Gel P－2～Bio－Gel P－300 等，数字越大，可分离的样品分子质量也就越大。聚丙烯酰胺凝胶是人工合成的，改变丙烯酰胺的浓度，就可以得到不同交联度的产物。由于聚丙烯酰胺凝胶全由碳－碳骨架构成，完全是惰性的，洗脱时不会有凝胶物质下来，在 pH2～11 内使用，适宜作为凝胶层析的载体。聚丙烯酰胺亲水，不耐强酸，遇强酸时酰胺键会水解成羧基，使凝胶带有一定的离子交换基团；在水溶液、有机溶液、盐溶液中都比较稳定，在酸中稳定性较好；在较强的碱性条件下或较高温度下，易发生分解；不会像葡聚糖凝胶和琼脂糖凝胶那样可能生长微生物。聚丙烯酰胺凝胶能自动吸水溶胀成凝胶。一般性质及应用与葡聚糖凝胶相仿，对芳香族、杂环化合物也有不同程度的吸附作用，若使用离子强度略高的洗脱液就可以避免这种吸附作用。其稳定性比葡聚糖凝胶好，聚丙烯酰胺凝胶的分离范围、吸水率等性能基本近似于 Sephadex G，见表 6-3。

表 6-3　　　　　　　　　　　　聚丙烯酰胺凝胶的性质

生物胶	吸水量 /（mL/g 干凝胶）	溶胀体积 /（mL/g 干凝胶）	分离相对分子质量范围	不同温度下溶胀时间/h	
				20℃	100℃
P-2	1.5	3	100~1800	4	2
P-4	2.4	4.8	800~4000	4	2
P-6	3.7	7.4	1000~6000	4	2
P-10	4.5	9	1500~20000	4	2
P-30	5.7	11.4	2500~40000	12	3
P-60	7.2	14.4	3000~60000	12	3
P-100	7.5	15	5000~100000	24	5
P-150	9.2	18.4	15000~150000	24	5
P-200	14.7	29.4	30000~200000	48	5
P-300	18	36	60000~400000	48	5

三、琼脂糖凝胶

琼脂糖是从琼脂中分离出来的天然线性多糖，它是琼脂去掉其中带电荷的琼脂胶得到的，对样品的非特异吸附作用很小。线性分子间没有共价交联，其结合力仅为氢键，机械强度低，不同孔隙程度是以改变琼脂糖浓度而达到的，化学稳定性不如葡聚糖凝胶。

琼脂糖在 100℃ 时呈液态，当温度降至 45℃ 以下时，多糖链以氢键方式相互连接形成双链单环的琼脂糖，经凝聚即成为束状的琼脂糖凝胶。它没有干凝胶，必须在溶胀状态保存，遇脱水剂、冷冻和一些有机溶剂即破坏，丙酮或乙醇对它无影响。在 pH4.5~9，温度 0~40℃ 稳定。1mol/L 盐溶液、2mol/L 尿素溶液无影响，对硼酸盐有吸附作用，不能用硼酸缓冲液。它分离范围很广，能分离几万至几千万高分子质量物质，特别适用于核酸类、多糖类和蛋白质类生化药物，弥补了葡聚糖凝胶和聚丙烯酰胺凝胶的不足，扩大了应用范围。

琼脂糖凝胶的商品名，因不同国家、不同工厂而异，瑞典出品名 Sepharose（2B~6B），美国称为生物凝胶-A（Bio-Gel-A），英国称 Sagavac 等。国内琼脂糖凝胶产品主要有 3 个规格：Sepharose2B、4B、6B 分别表示琼脂糖浓度为 2%、4%、6%；对应的分离范围分别为：10000~4000000、60000~20000000、70000~40000000。

Sepharose 与 2,3-二溴丙醇反应，形成 Sepharose CL 型凝胶架桥琼脂糖凝胶，它们的分离特性基本没有改变，但热稳定性和化学稳定性都有所提高，可以在更广泛的 pH 范围内应用，稳定工作的 pH 为 3 ~ 13。Sepharose CL 型凝胶还特别适合于含有有机溶剂的分离。

四、 疏水性凝胶

常用的为聚甲基丙烯酸酯（Polymethacrylate）凝胶或以二乙烯苯为交联剂的聚苯乙烯凝胶（如 Sty - rogel 及 Bio - Beads - S）。如"Styrogel"商品有 11 种型号，分离范围为 $1.6 \times 10^3 ~ 4 \times 10^7$，混悬于二乙烯苯中供应。这类凝胶专用于水不溶性有机物质的分离，以有机溶剂浸泡和洗脱。当改换溶剂时凝胶体积并不发生变化。

五、 多孔硅胶、多孔玻璃珠

多孔硅胶和多孔玻璃珠都属于无机凝胶。顾名思义，它们就是将硅胶或玻璃制成具有一定直径的网孔状结构的球形颗粒。这类凝胶属于硬质无机凝胶，它们的特点是：

（1）机械强度很高、化学稳定性好，使用方便而且寿命长。

（2）分离范围都比较宽。

（3）最大缺点是吸附效应较强（尤其是多孔硅胶），可能会吸附比较多的蛋白，但可以通过表面处理和选择洗脱液来降低吸附。

（4）它们不能用于强碱性溶液，一般使用时 pH 应小于 8.5。

近年来各类凝胶技术发展得很快，目前已研制出很多性能优越的新型凝胶，例如 Superdex 和 Superrose。Superdex 的分辨率非常高，化学物理稳定性也很好，可用于 HPLC 分析；而 Superrose 的分离范围很广，分辨率较高，可以一次性地分离分子质量差异较大的混合物，同时它的稳定性也很好。

项目三 凝胶的选择、处理和保存

一、 凝胶的选择

一般来讲，选择凝胶首先要根据样品的情况确定一个合适的分离范围，根据分离范围来选择合适型号的凝胶。最理想的状况是选择的凝胶的分离范围能将大分子完全排阻而小分子完全渗透，例如蛋白样品的脱盐或蛋白、核酸溶液去除小分子杂质以及一些注射剂去除大分子热原物质等常用 SephadexG - 25 或 Sephadex G - 50。如果样品混合物分子质量比较接近，最好使较小分子质量样品全渗透或较大分子质量样品全排阻。

选择凝胶还要考虑凝胶颗粒的大小。颗粒小，分辨率高，但相对流速慢，实验时间长，有时会造成扩散现象严重；颗粒大，流速快，分辨率较低但条件得当也可以得到满意的结果。

样品中各个组分分子质量差别较大，则可以先用大颗粒的凝胶，这样可以很快达到分离的目的。样品组分分子质量差别较小，则要考虑使用小颗粒凝胶以提高分辨率。

二、凝胶的处理

选择好凝胶的类型后，首先要根据选择的层析柱估算出凝胶的用量。由于市售的葡聚糖凝胶和丙烯酰胺凝胶通常是无水的干胶，所以要计算干胶用量。

干胶用量（g）＝柱床体积（mL）/凝胶的床体积（mL/g）。

（凝胶的床体积：指1g干的凝胶吸水后的最终体积）。

一般凝胶用量在计算的基础上再增加10%~20%。

葡聚糖凝胶和丙烯酰胺凝胶干胶的处理首先是在水中膨化，不同类型的凝胶所需的膨化时间不同。吸水率较小的凝胶（即型号较小）膨化时间较短，在20℃条件下需3~4h。

吸水率较大的凝胶（即型号较大）膨化时间则较长，在20℃条件下需十几个到几十个小时。如Sephadex G–100以上的干胶膨化时间都要在72h以上。如果加热煮沸，则膨化时间会大大缩短，一般在1~5h即可完成，而且煮沸也可以去除凝胶颗粒中的气泡。但应注意避免在酸或碱中加热，以免凝胶被破坏。琼脂糖凝胶和有些市售凝胶是水悬浮的状态，不需膨化处理。多孔玻璃珠和多孔硅胶也不需膨化处理。膨化处理后，要对凝胶进行纯化和排除气泡。纯化可以反复漂洗，倾泻去除表面的杂质和不均一的细小凝胶颗粒。也可以在一定的酸或碱中浸泡一段时间，再用水洗至中性。排除气泡是很重要的，否则会影响分离效果，可以通过抽气或加热煮沸的方法排除气泡。

三、凝胶的保存

凝胶的保存首先要反复洗涤去除蛋白等杂质，然后加入适当的抗菌剂，通常加入0.02%的叠氮化钠，4℃下保存。如果要较长时间地保存，则要将凝胶洗涤后脱水、干燥，可以将凝胶过滤抽干后浸泡在50%的乙醇中脱水，抽干后再逐步提高乙醇浓度反复浸泡脱水，至95%乙醇脱水后将凝胶抽干，置60℃烘箱中烘干，即可装瓶保存。注意膨化的凝胶不能直接高温烘干，否则可能会破坏凝胶的结构。

◁项目四 凝胶层析的基本操作

一、凝胶层析的基本操作

柱子的直径与长度比在1:10~1:100。要求装柱要均匀，不能分层，柱子中不能有气泡等。

（一）装柱

（1）将层析用的凝胶在适当的溶剂或缓冲液中溶胀，并用适当浓度的酸、碱、盐溶液洗涤处理，以除去其表面可能吸附的杂质。然后用去离子水（或蒸馏水）洗涤干净并真空抽气，以除去其内部的气泡。

（2）关闭层析柱出水口，装入1/3柱高的缓冲液，将处理好的凝胶缓慢地倒入柱中，使其沉降约3cm高。

（3）打开出水口，控制适当流速，使凝胶均匀沉降，并不断加入凝胶溶液。注意不能干柱、分层。

（4）使柱中凝胶基质表面上留有2~3cm高的缓冲液，同时关闭出水口。

（二）平衡

柱子装好后，要用所需的缓冲液平衡柱子。平衡液体积一般为柱体积3~5倍。

（三）加样

一般讲，加样要尽量快速、均匀。通常加样体积应低于床体积5%，对于分析性柱层析，一般不超过床体积的1%。当然，最大加样量必须在具体条件下多次试验后才能决定。应注意的是，加样时应缓慢小心地将样品溶液加到固定相表面，尽量避免冲击基质，以保持基质表面平坦。

（四）洗脱

选定好洗脱液后，洗脱的方式可分为简单洗脱、分步洗脱和梯度洗脱3种。

简单洗脱即始终用同样的一种溶剂洗脱，直到层析分离过程结束为止。如果被分离物质对固定相的亲和力差异不大，其区带的洗脱时间间隔（或洗脱体积间隔）合适，采用这种方法是适宜的。否则应采用分步洗脱。

当混合物中组分复杂且性质差异较小时，一般采用梯度洗脱。它的洗脱能力是逐步连续增加的，梯度常指浓度、极性、离子强度或pH等。当对所分离的混合物性质了解较少时，一般先采用线性梯度洗脱的方式去尝试，尽管洗脱时间较长，但对性质相近的组分分离更为有利。洗脱时应注意洗脱速率。速度太快，各组分在固液两相中平衡时间短，相互分不开，仍以混合组分流出；速度太慢，将增大物质的扩散，同样达不到理想的分离效果。只有多次试验才能得到合适的流速。

（五）目的物收集、鉴定及保存

部分收集器用来收集分离纯化的样品。由于检测系统的分辨率有限，洗脱峰不一定能代表一个纯净的组分。因此，每管的收集量不能太多，一般1~5mL/管。如果分离的物质性质很相近，可低至0.5mL/管，要视具体情况而定。在合并一个峰的各管溶液之前，还要进行鉴定。例如，一个蛋白峰的各管溶液，可先用电泳法对各管进行鉴定。对于单条带，表明已达电泳纯，可合并在一起。所得蛋白溶液一般采用透析除盐、超滤或减压薄膜浓缩，再冰冻干燥，低温保存。

（六）基质（凝胶）的再生

许多基质（凝胶）可以反复使用多次；凝胶价格昂贵，层析后要回收处理，以备再用。

二、 影响凝胶层析的因素

（一）层析柱的选择

一般来讲，层析柱的长度对分辨率影响较大，长的层析柱分辨率要比短的高，但层析柱长度不能过长，否则会引起柱子不均一、流速过慢等。一般柱长度不超过100cm，为得到高分辨率，可以将柱子串联使用。层析柱的直径和长度比一般在1:10～1:100。对分辨率要求较低的凝胶柱，如脱盐柱，一般比较短。

（二）凝胶柱的鉴定

凝胶柱的填装情况将直接影响分离效果，凝胶柱填装后用肉眼观察应均匀、无纹路、无气泡。通常可以采用一种有色的物质，如蓝色葡聚糖－2000、血红蛋白等上柱，观察有色区带在柱中的洗脱行为，以检测凝胶柱的均匀程度。如果色带狭窄、平整、均匀下降，则表明柱中的凝胶装填情况较好，可以使用；如果色带弥散、歪曲，则需重新装柱。有时，为了防止新凝胶柱对样品的吸附，可以用一些蛋白物质预先过柱，以消除吸附。

（三）洗脱液的选择

由于凝胶层析的分离原理是分子筛作用，在凝胶层析中流动相只是起运载工具的作用，一般不依赖于流动相性质和组成的改变来提高分辨率，改变洗脱液的主要目的是为了消除组分与固定相的吸附等相互作用，所以和其他层析方法相比，凝胶层析洗脱液的选择不那么严格。凝胶层析的分离机理简单以及凝胶稳定工作的pH范围较广，洗脱液的选择主要取决于待分离样品，一般来说只要能溶解被洗脱物质并不使其变性的缓冲液都可以用于凝胶层析。为了防止凝胶可能有吸附作用，一般洗脱液都含有一定浓度的盐。

（四）加样量

加样过多，会造成洗脱峰的重叠，影响分离效果；加样过少，提纯后各组分量少、浓度较低，实验效率低。加样量的多少要根据具体的实验要求而定。

凝胶柱较大，当然加样量就可以较大；样品中各组分分子质量差异较大，加样量也可以较大；一般分级分离时加样体积为凝胶柱床体积的 1% ~ 5%，而分组分离时加样体积可以较大，一般为凝胶柱床体积的 10% ~ 25%。如果有条件可以首先以较小的加样量先进行一次分析，根据洗脱峰的情况来选择合适的加样量。

从洗脱峰上看，如果所要的各个组分的洗脱峰分得很开，为了提高效率，可以适当增加加样量；如果各个组分的洗脱峰只是刚好分开或没有完全分开，则不能再加大加样量，甚至要减小加样量。另外加样前要注意，样品中的不溶物必须在上样前去掉，以免污染凝胶柱。样品的黏度不能过大，否则会影响分离效果。

（五）洗脱速度

洗脱速度一般要恒定而且合适。保持洗脱速度恒定通常有两种方法：一种是使用恒流泵，另一种是恒压重力洗脱。洗脱速度取决于很多因素，包括柱长、凝胶种类、颗粒大小等。一般来讲，洗脱速度慢，样品可以与凝胶基质充分平衡，分离效果好。但洗脱速度过慢会造成样品扩散加剧、区带变宽，反而会降低分辨率，而且时间会大大延长，应根据实际情况来选择合适的洗脱速度，可以进行预备实验来选择洗脱速度。一般凝胶的流速是 2 ~ 10cm/h，或 30 ~ 200mL/h。市售的凝胶一般会提供一个建议流速，可供参考。

项目五　凝胶层析的应用

一、生物大分子的纯化

凝胶层析是依据样品分子分子质量的不同来进行分离的，它具有简单、方便、不改变样品生物学活性等优点，凝胶层析成为分离纯化生物大分子的一种重要手段，尤其是对于一些分子大小不同，但理化性质相似的分子，用其他方法较难分开，凝胶层析无疑是一种合适的方法，例如对于不同聚合程度多聚体的分离等。

利用凝胶层析进行生物大分子溶液脱盐及去除小分子杂质是一种简便、有效、快速的方法。它比用透析的方法脱盐要快得多，而且一般不会造成样品较大的稀释，生物大分子不易变性。一般常用的是 Sephadex G - 25，目前已有多种脱盐柱成品出售，使用方便，但价格较贵。

二、去热原物质

热原物质是指微生物产生的某些多糖蛋白复合物等使人体发热的物质，它们是一类分子质量很大的物质，所以可以利用凝胶层析的排阻效应将这些大分子热原物质与其他相对分子质量较小的物质分开。例如，去除纯水、氨基酸输液等一些注射液中的热原物质，凝胶层析是一种简单而有效的方法。

此外，利用流经体积和样品分子的分子质量呈负相关的关系，凝胶层析还用于生物大分子的分子质量测定。

【思考题】

1. 凝胶层析分离大分子物质的机理是什么？
2. 为什么 Sephadex G - 25 常用于生物大分子溶液脱盐？

实训案例6　凝胶层析法分离血红蛋白

一、实训目的

了解凝胶层析的基本原理，学会用凝胶层析分离纯化蛋白质。

二、实训原理

凝胶层析的基本原理是用一般的柱层析方法使分子质量不同的溶质通过具有分子筛性质的固定相（凝胶），从而使物质分离并达到分析的目的。用作凝胶的材料有多种，如葡聚糖凝胶（Sephadex）、琼脂糖凝胶（Sepharose）、聚丙烯酰胺凝胶（Bio - gel）。本实训采用交联葡聚糖凝胶 G - 25 作固相载体，其分离范围在1000 ~ 5000。实训用的样品是血红蛋白（相对分子质量64500，呈红色）与小分子硫酸铜溶液（呈蓝色）。该混合液流经层析柱时，血红蛋白全排阻，硫酸铜全渗入，分离效果明显。

三、试剂与材料

1. 血红蛋白溶液

取抗凝血5mL，离心弃血浆。加3倍于血细胞体积的生理盐水洗血细胞，颠倒混匀。离心弃上清液。重复操作一次。于洗净的红细胞中加5倍体积蒸馏水，摇匀，血细胞破碎，用棉花过滤，得血红蛋白液。

2. 碱性硫酸铜溶液

将硫酸铜3.73g溶于10mL热蒸馏水，冷后稀释到15mL。另取柠檬酸钠17.3g及碳酸钠10g加水60mL，加热溶解。冷却后稀释到85mL。将硫酸铜溶液缓缓加于柠檬酸钠 - 碳酸钠溶液中，混匀得碱性硫酸铜溶液。

3. 血红蛋白 - 碱性硫酸铜混合液

将上述两种溶液在使用前等体积混合即可。

4. 洗脱液

0.1mol/L NaCl 溶液。

5. 葡聚糖凝胶 G - 25（中粒，50 ~ 150μm），蓝葡聚糖2000，层析柱（20cm × 1cm），紫外检测器，部分收集器，记录仪，试管等普通玻璃器皿等。

四、操作步骤

1. 凝胶的处理

将 Sephadex G-25 3~4g 干粉室温用蒸馏水 50mL 充分溶胀 6h，或沸水浴 2h，这样可大大缩短溶胀时间，而且可以杀死细菌和排除凝胶内部的气泡。溶胀过程注意不要过分搅拌，以防颗粒破碎。凝胶颗粒大小要求均匀，使流速稳定，凝胶充分溶胀后用倾泻法将不容易沉下的较细颗粒除去。将溶胀后的凝胶抽干，用 10 倍体积的洗脱液处理约 1h，搅拌后继续用倾泻法将不容易沉下的较细颗粒除去。

2. 装柱

将层析柱垂直装好，关闭出口，加入洗脱液约 1cm 高。将处理好的凝胶用等体积的洗脱液搅成浆状，自柱顶部沿管内壁缓缓加入柱中，待底部凝胶沉积约 1cm 高时，再打开出口，继续加入凝胶浆，至凝胶沉积至一定高度（约 15cm）即可。装柱要求连续、均匀、无气泡、无"纹路"。

3. 平衡

用 2~3 倍床体积的洗脱液平衡，流速为 0.5mL/min。平衡好后用洗脱液在凝胶表面放一层滤纸，以防止加样时凝胶被冲起。平衡后可用蓝葡聚糖 2000（相对分子质量在 200 万以上，呈蓝色）检查层析行为。在层析柱内加 1mL（2mg/mL）蓝葡聚糖 2000，然后用洗脱液进行洗脱，流速为 0.5mL/min。如果色带狭窄并均匀下降，说明装柱良好，然后再用 2 倍床体积的洗脱液平衡。

4. 加样和洗脱

将柱中多余的液体放出，使液面刚好盖过凝胶，关闭出口。将 0.5mL 血红蛋白-碱性硫酸铜混合液沿层析柱管壁小心加入，加完后打开底端出口，用少量洗脱液洗柱内壁 2 次，加洗脱液至液层 2cm 高，接上洗脱瓶，调好流速 0.5mL/min，开始洗脱。上样的体积，分析用量一般为床体积的 1%~2%，制备用量一般为床体积的 20%~30%。

5. 收集与测定

用部分收集器收集洗脱液，每管 0.5mL。紫外检测仪 520nm 处检测红色液的吸光度值，680nm 处检测蓝色液的吸光度值，或用记录仪或将检测信号输入色谱工作站，绘制洗脱曲线。

6. 凝胶柱的处理

一般凝胶柱用过后，反复用蒸馏水（2~3 倍床体积）通过柱即可。如果凝胶有颜色或比较脏，需用 0.5mol/L NaOH-0.5mol/L NaCl 洗涤，再用蒸馏水洗。冬季一般放 2 个月无长霉情况，但在夏季如果不用，需要加 0.02% 的叠氮化钠防腐。

五、讨论

绘制洗脱曲线并判定蛋白质的分离效果。

模块六

离子交换层析技术

知识要点

离子交换层析是以离子交换剂为固定相，利用离子交换剂的可交换离子与各组分离子发生交换作用，由于不同离子的交换能力不同，待分离的各种组分在层析柱中随流动相的移动速度也不同，从而将混合物中不同组分进行分离的技术。

离子交换剂是由基质、电荷基团和反离子构成的，基质与电荷基团以共价键连接，电荷基团与反离子以离子键结合。离子交换剂按照所带电荷基团的不同，可分为阳离子交换剂和阴离子交换剂；按照基质的不同又可分为树脂型离子交换剂、纤维素离子交换剂、交联葡聚糖离子交换剂、琼脂糖离子交换剂等。离子交换柱层析的操作包括离子交换剂的预处理、装柱、上样、洗脱、检测、收集、离子交换剂的再生和保存等步骤。

离子交换层析是以离子交换剂为固定相，利用离子交换剂的可交换离子与各组分离子发生交换作用，由于不同离子的交换能力不同，待分离的各种组分在层析柱中随流动相的移动速度也不同，从而将混合物中不同组分进行分离的技术。离子交换层析最早用于水的处理。20 世纪 30 年代，人工合成离子交换树脂的应用对于离子交换层析的发展具有重要意义。20 世纪 50 年代中期，Sober 和 Peterson 合成了羧甲基（CM－）纤维素和二乙胺乙基（DEAE－）纤维素，这是两种亲水性的大孔型离子交换剂，大孔型结构使洗脱较为顺畅，因此这两种离子交换剂得到了广泛应用。此后，多种层析介质被开发和合成，包括交联葡聚糖凝胶、交联琼脂糖凝胶、聚丙烯酰胺以及一些人工合成的亲水性聚合物等。以这些基质为载体结合带电基团衍生而成的离子交换剂极大地推动了离子交换层析技术在生化分离中的发展和应用。离子交换层析在分离和制备蛋白质、多肽和氨基酸等两性物质上具有独特的优势，同时，在多糖、核酸、核苷酸及一些小分子物质的分离上也得到了广泛应用。

项目一 离子交换层析原理

离子交换层析是利用待分离样品中不同组分在一定条件下带电荷的种类、数量不同，从而与离子交换剂结合能力不同，最终达到分离的目的。离子交换剂与水溶液中离子的反应主要以离子交换方式进行。假设以 RA^+ 代表阳离子交换剂，其中 A^+ 为反离子。A^+ 能够与溶液中的阳离子 B^+ 发生可逆的交换反应。

反应式为：

$$RA^+ + B^+ \Longleftrightarrow RB^+ + A^+$$

离子交换剂对不同离子具有不同的结合力。强酸性（阳性）离子交换剂对 H^+ 的结合力比 Na^+ 小；强碱性（阴性）离子交换剂对 OH^- 的结合力比对 Cl^- 小得多；弱酸性离子交换剂对 H^+ 的结合力远比对 Na^+ 大；弱碱性离子交换剂对 OH^- 的结合力比 Cl^- 大。因此，在应用离子交换剂时，采用何种反离子是决定吸附容量的重要因素之一。离子交换剂与各种水合离子（离子在水溶液中发生水化作用形成的离子）的结合力与离子的荷电量成正比、与水合离子半径的平方成反比。所以，离子价数越高，结合力越大。在离子间荷电相同时，离子的原子序数越高，水合离子半径越小，结合力越大。

两性离子如蛋白质、酶类、多肽和核苷酸等物质与离子交换剂的结合力，主要取决于它们在特定 pH 条件下呈现的离子状态。当 pH 低于等电点（pI）时，它们带正电荷能与阳离子交换剂结合；反之，pH 高于 pI 时，它们带负电荷能与阴离子交换剂结合。pH 与 pI 的差值越大，带电量越大，与交换剂的结合力越强。

离子交换的基本过程如图 7 − 1 所示。

1. 初始稳定状态

活性离子与功能基团以静电作用结合形成稳定的初始状态。此时从柱顶端上样。

2. 离子交换过程

引入带电荷的目的分子，则目的分子会与活性离子进行交换结合到功能基团上，结合的牢固程度与该分子所带电荷量成正比。

3. 洗脱过程

以一定强度的离子或不同 pH 的缓冲液将结合的分子洗脱下来，一般情况，与活性基团结合力弱的先被洗脱下来，结合力强的后被洗脱下来。

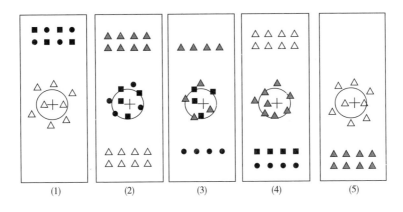

图7-1　离子交换层析原理示意图

△—活性离子　▲—洗脱液中的离子　■和●—原料中的待分离组分，其中■与活性基团的结合力比●强

4. 再生过程

以适当的再生剂平衡柱子，使活性离子重新结合至功能基团，恢复其交换能力。

离子交换层析具有分辨率高、交换容量高、操作简单易行等特点。随着各种高效层析介质的出现，选择合适的离子交换剂能够确保离子交换层析良好的选择性和分辨率。通过选择不同的离子交换剂，控制缓冲液的组成和pH、离子强度等条件可以使许多生化物质得以分离。

项目二　离子交换剂

离子交换剂是由基质（多为高分子聚合物）、电荷基团（或功能基团）和反离子（平衡离子）构成的，基质与电荷基团以共价键连接，电荷基团与反离子以离子键结合。如图7-2所示。

$$纤维素—O—CH_2—COO^-—Na^+$$

基质　　　电荷基团　　反离子

图7-2　离子交换剂结构示意图

离子交换剂常见的功能基团如表7-1所示。

表7-1　　　　　　　　　　　常见的离子交换功能基团

类型	名称	英文缩写	功能基团
阴离子交换剂	二乙基氨基乙基	DEAE	$—OCH_2CH_2N^+H(C_2H_5)_2$（强碱型）
	季胺基乙基	QAE	$—OCH_2CH_2N^+(C_2H_5)_2CH_2CH(OH)CH_3$（强碱型）
	三甲基氨基甲基	Q	$—OCH_2N^+(CH_3)_3$（强碱型）
	三乙基氨基乙基	TEAE	$—OCH_2CH_2N^+H(C_2H_5)_3$（强碱型）
	氨乙基	AE	$—OCH_2CH_2NH_3^+$（中强碱型）

续表

类型	名称	英文缩写	功能基团
阳离子交换剂	羧甲基	CM	$—OCH_2COO^-$ （弱酸型）
	磺丙基	SP	$—OCH_2CH_2CH_2SO_3^-$ （强酸型）
	磺甲基	S	$—OCH_2SO_3^-$ （强酸型）
	磷酸基	P	$—O_3PH_2^-$ （中强酸型）

一、 离子交换剂应满足的基本条件

（1）有高度的不溶性，即在各种溶剂中不发生溶解。

（2）有疏松的多孔结构，使交换离子能在交换剂孔隙中进行自由扩散和交换。

（3）有较多的交换基团。

（4）有稳定的物理化学性质。在使用过程中，不因物理或化学因素的变化而发生分解和变形等现象。

二、 离子交换剂的分类

离子交换剂按照所带电荷基团的不同，可分为阳离子交换剂和阴离子交换剂；按照基质的不同又可分为树脂型离子交换剂、纤维素离子交换剂、交联葡聚糖离子交换剂、琼脂糖离子交换剂等；根据离子交换剂基质的组成和性质，可将其分为两大类，即疏水性离子交换剂（离子交换树脂）和亲水性离子交换剂。

（一）离子交换树脂

离子交换树脂属疏水性离子交换剂，是一种不溶于水及一般酸、碱和有机溶剂的有机高分子化合物。其化学稳定性好，具有离子交换能力，其活性基团一般是多元酸或多元碱。其结构由 3 部分组成：惰性的不溶性三维空间网状结构树脂骨架，与骨架相连的不能移动的功能基团，及与功能基团所带电荷相反的可移动的离子。

离子交换树脂含有大量的活性基团，交换容量高、机械强度大。主要用于分离无机离子、有机酸、核苷、核苷酸和氨基酸等小分子物质，也可用于从蛋白质溶液中除去表面活性剂（如十二烷基硫酸钠）、清洁剂（如 TritonX – 100）、尿素、两性电解质等。此外，离子交换树脂还可用于分离某些不易变性的蛋白质。

根据树脂的骨架成分、制备树脂的反应类型、树脂骨架的物理结构、树脂活性基团等的不同，离子交换树脂的分类也不同。

（1）按树脂骨架成分不同，可分为苯乙烯型树脂，如 001×7；丙烯酸型树脂，如 112×4；多乙烯多胺 – 环氧氯丙烷型树脂，如 330；酚醛型树脂，如 122 等。

（2）按制备树脂的聚合反应类型不同，可划分为共聚型树脂，如 001×7；缩醛型树脂，如 122。

（3）按树脂骨架的物理结构不同，可分为凝胶型树脂，也称微孔树脂；大网格树脂，也称大孔树脂；均孔树脂，也称等孔树脂。

目前离子交换树脂主要有凝胶型和大网格型（大孔型）两种。凝胶型离子交换树脂水化后，处在溶胀状态，形成空隙。这种空隙通常不大，直径在 3nm 以下，并且随外界溶液浓度、溶剂和交换离子的性质而改变。当树脂干燥后，这种空隙就会消失。这种孔隙度称为溶胀孔隙度。由于凝胶离子交换树脂的孔隙度较小，吸附大分子较困难，有时吸附后不容易被洗脱下来，交换能力降低。而大网格离子交换树脂即使完全失水也能维持其多孔结构和巨大的内部表面积，即大网格树脂在非溶胀状态也有一定的孔隙度，且随外界条件的变化较小，因而称为永久孔隙度。

大网格树脂交联度高，有较好的化学和物理稳定性（抗渗透压冲击和抗氧化能力强）；孔径大，适合于非水溶液中交换，可交换有机大分子，交换速度较快。

大网格离子交换树脂与凝胶离子交换树脂物理性能的比较见表 7 - 2。

表 7 - 2　　　　大网格离子交换树脂与凝胶离子交换树脂物理性能的比较

树脂	交联度/%	比表面积/（m^2/g）	孔径/nm	孔隙度/［mL（孔隙）/mL（树脂）］
大网格	15 ~ 25	25 ~ 100	8 ~ 1000	0.155 ~ 0.55
凝胶	2 ~ 10	<0.1	<3	0.01 ~ 0.02

（4）按活性基团的性质不同，可分为含酸性基团的阳离子交换树脂和含碱性基团的阴离子交换树脂。阳离子交换树脂有强酸性和弱酸性，阴离子交换树脂有强碱性和弱碱性。

强酸性离子交换树脂一般以磺酸基（$—SO_3H$）作为活性基团。如聚苯乙烯磺酸型离子交换树脂，它以苯乙烯为母体、二苯乙烯为交联剂共聚后再经磺化引入磺酸基制成。强酸性树脂活性基团的电离程度大，不受溶液 pH 的影响，在 pH1 ~ 14 均可进行离子交换反应。强酸性树脂与 H^+ 的结合力弱，再生成氢型比较困难，耗酸量较大，一般为该树脂交换容量的 3 ~ 5 倍。主要用于软化水和无机盐的制备，另外，在链霉素、卡那霉素、赖氨酸等的提取精制中应用较多。

弱酸性阳离子交换树脂是指含有羧基（$—COOH$）、磷酸基（$—PO_3H_2$）、酚基（$—C_6H_4OH$）等弱酸性基团的离子交换树脂，其中以含羧基的离子交换树脂用途最广。弱酸性基团的电离程度受溶液 pH 的影响很大，在酸性溶液中几乎不发生交换反应，只有在 pH≥7 的溶液中才有较好的交换能力。pH 升高，交换容量增大。羧酸钠型树脂不易洗涤到中性，一般洗到出口 pH9 ~ 9.5 即可。弱酸性树脂和 H^+ 的结合力很强，易再生成氢型且耗酸量少。

强碱性阴离子交换树脂是以季铵基为交换基团的离子交换树脂，活性基团有三甲氨基：$—N^+（CH_3）_3$（Ⅰ型），二甲基 - β - 羟基 - 乙氨基：$—N^+（CH_3）_2（C_2H_4OH）$（Ⅱ型），Ⅰ型较Ⅱ型碱性更强，用途更广泛。强碱性离子交换树脂活性基团的电离程度大，它在酸性、中性甚至碱性介质中都具有离子交换功能。氯型较氢型更稳定，耐热性更好，商品多为氯型。强碱性树脂与 OH⁻结合力较弱，再生时困难，且耗碱量较多。此类树脂在生产中常用于无盐水的制备和药物的分离提纯。

弱碱性阴离子交换树脂是以伯胺基（—NH_2）、仲胺基（—NHR）或胺氨基（—NR_2）为交换基团的离子交换树脂。弱碱性基团在水中解离程度很小，只有在中性及酸性（pH≤7）的介质中才显示离子交换功能，即交换容量受溶液 pH 的影响较大，pH 越低，交换能力越强。弱碱性基团与 OH⁻结合力很强，易再生为羟型，且耗碱量少。

不同离子交换树脂的性能如表 7 – 3 所示。

表 7 – 3   不同离子交换树脂性能的比较

性能	阳离子交换树脂		阴离子交换树脂	
	强酸性	弱酸性	强碱性	弱碱性
活性基团	磺酸	羧酸	季胺	胺
pH 对交换能力的影响	无	在酸性溶液中交换能力很小	无	在碱性溶液中交换能力很小
盐的稳定性	稳定	洗涤时要水解	稳定	洗涤时要水解
再生	需过量的强酸	很容易	需过量的强碱	容易，可用碳酸钠或氨
交换速度	快	慢（氢型）	快	慢（羟型）

（二）亲水性离子交换剂

亲水性离子交换剂主要包括纤维素离子交换剂、葡聚糖离子交换剂、琼脂糖离子交换剂等多糖型离子交换剂，是在纤维素、葡聚糖、琼脂糖等骨架基质上连接功能基团而形成。多糖型离子交换剂亲水性强、载体孔径大，适合于分离生物大分子。

（1）纤维素离子交换剂   以纤维素为基质，常用的功能基团有磷酸基（P，中强酸型）、磺酸乙基（SE，强酸型）、羧甲基（CM、弱酸型）、三乙基氨基乙基（TEAE，强碱型）、二乙基氨基乙基（DEAE，弱碱型）、氨基乙基（AE，中等碱型）、三乙醇基氨基（ECTE，中等碱型）等，可制成纤维状、微粒、短纤维、球形 4 种类型，Pharmacia（GE）公司生产的 DEAE – Sephacel 为球形颗粒，机械性能和理化稳定性好，对蛋白质、核酸、激素等均有良好的分辨率、回收率和交换容量，使用简单方便，在生物化学与分子生物学中使用普遍。此外，Whatman 公司的 DE –、CM –、P –、AE –、SE – 及 QA – 型纤维素离子交换剂及一些国产的 DEAE – 纤维素和 CM – 纤维素也可选择使用。表 7 – 4 列举了几种主要的纤维素类离子交换介质的情况。

表7-4 纤维素类离子交换介质

名称	外观	总交换容量/（μmol/mL）	有效容量/（mg/mL）	厂家
DE23	纤维状	150	60BSA*	Whatman
CM23	纤维状	80	85Lys**	Whatman
DE52	微粒状	190	130BSA*	Whatman
CM52	微粒状	190	210Lys**	Whatman
DE53	微粒状	400	150BSA*	Whatman
CM32	微粒状	180	200Lys**	Whatman
DEAE – Sephacel	珠状	170	160BSA*	Pharmacia Biotech

注："*"缩写 BSA 为牛血清蛋白，"**"Lys 为溶菌酶，有效容量测定条件为 0.01mol/L、pH8.0 的缓冲液。

纤维素离子交换剂表面积大，开放性的骨架允许大分子自由通过，对大分子的交换容量较大。纤维素的亲水性结构使其表面结合着 4 倍于自身质量的结合水，层析时洗脱方便，活性蛋白质回收率高。

（2）葡聚糖系离子交换剂　以 Sephadex G – 25 或 G – 50 为基质，分别引入 DEAE、QAE、CM、SP 等功能基团，构成 8 种交换剂（表7–5）。葡聚糖离子交换剂的型号中，A 或 C 分别代表阴离子交换剂和阳离子交换剂，数字 25 或 50 代表其基质是 Sephadex G – 25 或 G – 50。

葡聚糖离子交换剂的交换容量明显大于纤维素离子交换剂。Sephadex 具有亲水性和低的非特异性吸附性质，并且由于这种基质具有分子筛效应，使得葡聚糖离子交换剂除离子交换作用外，还有分子筛作用。

表7-5 葡聚糖类离子交换介质

名称	功能基团	总交换容量/（μmol/mL）	有效容量/（mg/mL）	厂家
DEAE – Sephadex A – 25	DEAE	500	70Hb*	Amersham Pharmacia Biotech
QAE – Sephadex A – 25	QAE	500	50Hb*	Amersham Pharmacia Biotech
CM – Sephadex C – 25	CM	560	50Hb*	Amersham Pharmacia Biotech
SP – Sephadex C – 25	SP	300	30Hb*	Amersham Pharmacia Biotech
DEAE – Sephadex A – 50	DEAE	175	250Hb*	Amersham Pharmacia Biotech
QAE – Sephadex A – 50	QAE	100	200Hb*	Amersham Pharmacia Biotech
CM – Sephadex C – 50	CM	170	350Hb*	Amersham Pharmacia Biotech
SP – Sephadex C – 50	SP	90	270Hb*	Amersham Pharmacia Biotech

注："*"表示缩写 Hb 为血红蛋白；有效容量测定条件为 0.01mol/L、pH8.0 的缓冲液。

（3）琼脂糖系列离子交换剂　琼脂糖离子交换剂是一类在交联琼脂糖上连接功能基团形成的离子交换剂。这类凝胶比葡聚糖凝胶孔径大，对相对分子质量在 1×10^6 以内的球蛋白具有良好的交换作用。琼脂糖离子交换剂的多糖链排列成束，不同程度的交联使得束状结构进一步强化，体积（膨胀度）随离子强度或 pH 的变化小。

琼脂糖离子交换剂主要有 Pharmacia（GE）公司的 Sepharose 和 Bio - Rad 公司的 Bio - gel 两个系列，见表 7 - 6。

表 7 - 6　　　　　　　　　　　　　　琼脂糖类离子交换介质

名称	功能基团	总交换容量 / （μmol/mL）	有效容量 / （mg/mL）	厂家
DEAE - Sepharose CL - 6B	DEAE	150	100Hb*	Amersham Pharmacia Biotech
CM - Sepharose CL - 6B	CM	120	100Hb*	Amersham Pharmacia Biotech
DEAE Bio - Gel A	DEAE	20	45Hb*	Bio Rad
CM Bio - Gel A	CM	20	45Hb*	Bio Rad
Q - Sepharose Fast Flow	Q	150	100Hb*	Amersham Pharmacia Biotech
S - Sepharose Fast Flow	S	150	100Hb*	Amersham Pharmacia Biotech

注："*"表示缩写 Hb 为血红蛋白；有效容量测定条件为 0.01mol/L、pH8.0 的缓冲液。

Sepharose 系列离子交换剂：早期产品为 DEAE - Sepharose CL - 6B 和 CM - Sepharose CL - 6B，对生物大分子分辨力好，交换容量大，床体积随洗脱液的离子强度和 pH 的改变小，使用较 Sephadex 系列方便。后续产品 Sepharose Fast Flow（Sepharose FF）理化稳定性和机械性能更好，交换容量大；床体积随 pH 的离子强度变化小，适合于进行大量粗产品的纯化工作；引入的功能团有 Q（强碱性）、SP、DEAE、CM4 种。此外，Sepharose High Performance（Sepharose HP）有 Q - Sepharose HP 和 SP - Sepharose HP 两种，颗粒细、分辨率高、理化稳定性好、流速和载量均适合于实验室或大量制备使用。Bio - Gel A 系离子交换剂有 DEAE - Bio - Gel A 和 CM - Bio - Gel A 两种，床体积随 pH 和离子强度变化小，化学稳定性好。

（4）Mono Beads 系列离子交换剂　Mono Beads 系列离子交换剂是 Pharmacia（GE）公司推出的新型交换剂，以亲水性聚醚为基质，能快速分离蛋白质、肽和低聚核苷酸，可分离从 mg 到 g 的单克隆抗体。

相关高效离子交换剂见表 7 - 7。

表 7 – 7　　　　　　　　　　　　高效离子交换剂

名称	功能基团	骨架材料	有效容量/（mg/mL）	厂家
Mono Q	Q	有机合成高聚物	25	Amersham Pharmacia Biotech
Mono S	S	有机合成高聚物	25	Amersham Pharmacia Biotech
DEAE – 5 – PW	DEAE	有机合成高聚物	1.5 ~ 3	Bio Rad
SP – 5 – PW	SP	有机合成高聚物	1.5 ~ 3	Bio Rad
HRLC MA7C	CM	无孔合成微球	0.6 ~ 2	Bio Rad
DEAE Si500	DEAE	硅胶	10	Serva
CM Si300	CM	硅胶	12	Serva

注：有效容量测定条件为 0.01mol/L、pH8.0 的缓冲液。

三、 离子交换剂的理化性能

离子交换剂的理化性能包括外观和颗粒度、膨胀度、交联度、交换容量、稳定性等，在使用时要根据实际需要合理选择。

1. 外观和颗粒度

离子交换剂有白色、黄色、黄褐色及棕色等。亲水性离子交换剂多为白色，质地透明或不透明。离子交换树脂有球形颗粒、纤维状、微粒状，少数呈膜状、棒状、粉末状或无定形状。球形颗粒液体流动阻力小、耐磨性好、不易破裂。颗粒度越小，交换速率越快，但流体阻力也会增加。离子交换剂的颗粒度要均匀一致。

商品树脂的颗粒度一般为 20 ~ 60 目（0.25 ~ 0.84mm），特殊规格为 200 ~ 325 目（0.074 ~ 0.044mm）。制药生产中一般使用颗粒度为 16 ~ 60 目占 90% 以上的球形树脂。

2. 膨胀度

当干态的离子交换剂浸入水、缓冲液或有机溶剂后，体积发生膨胀，其膨胀程度通常用每克干胶吸水膨胀后的体积（mL）来表示。凝胶型树脂的膨胀度一般随交联度的增大而减小。确定离子交换剂装柱量和洗脱溶剂时应该考虑其膨胀度。

3. 交联度

离子交换剂交联度通常用交联剂含量即质量分数表示。一般交联度越高，结构越紧密，溶胀性越小，大分子物质越难被交换。一般应根据被交换物质分子的大小及性质选择适宜交联度的离子交换剂。

4. 交换容量

交换容量是指离子交换剂能够结合溶液中可交换离子的能力，即单位质量（体积）的干介质或者每毫升湿胶所能交换离子的量。交换容量是表征离子交换剂活性基团或交换能力的重要参数。一般，交联度越低，活性基团数量越多，则交换容量越大。

影响交换容量的因素主要有筛孔、离子强度和 pH。筛孔的大小要根据被分离的对象来选择。样品组分与离子交换剂作用的表面积越大，交换容量越高。一般离子交换剂的孔隙应尽量能够让样品组分进入，这样样品组分与离子交换剂作用面积大。分离小分子样品，可以选择较小孔隙的交换剂，因为小分子可以自由进入孔隙，而小孔隙离子交换剂的表面积大于大孔隙的离子交换剂。一般来说，离子强度增大，交换容量下降。增大离子强度进行洗脱，就是要降低交换容量以将结合在离子交换剂上的样品组分洗脱下来。pH 不仅影响样品中组分和离子交换剂的带电性质，还影响离子交换剂的解离程度。pH 对弱酸和弱碱型离子交换剂影响较大。弱酸型离子交换剂在 pH 较高时，电荷基团充分解离，交换容量大，而在较低的 pH 时，电荷基团不易解离，交换容量小。

不同类型的离子交换剂其交换容量的测定方法不同。强酸型阳离子交换剂交换容量的测定：取一定量的强酸型阳离子交换剂，去离子水溶胀，漂洗干净用 1mol/L 的 NaOH 处理，去离子水洗至中性，1mol/L 的 HCl 处理，去离子水洗至中性。然后用 1mol/L 的 NaCl 洗脱，收集洗脱液，再通过已标定的 NaOH 滴定洗脱液中的氢离子浓度，计算出吸附氢离子的毫摩尔数量，再除以离子交换介质的质量，即可得到强酸型阳离子交换剂的交换容量。强碱型阴离子交换剂交换容量的测定：取一定量的强碱型阳离子交换剂，去离子水溶胀，漂洗干净，用 1mol/L 的 HCl 处理，去离子水洗至中性，1mol/L 的 NaOH 处理，去离子水洗至中性。然后用 1mol/L 的 NaCl 洗脱，收集洗脱液，再通过已标定的 HCl 滴定洗脱液中的氢氧根离子浓度，计算出吸附氢氧根离子的毫摩尔数量，再除以离子交换介质的质量，即可得到强碱型阴离子交换剂的交换容量。

凝胶或纤维类弱碱性或弱酸性离子交换，交换容量的测定方法为：取一定量的离子交换介质，漂洗干净，用 1mol/L 的 NaCl 处理，去离子水洗至中性，缓冲液平衡，用已知蛋白浓度的样品过柱吸附，直至柱内介质吸附量达到饱和。用一定浓度的 NaCl 或其他洗脱剂洗脱，收集洗脱液，测定洗脱液中的蛋白质浓度，再计算交换容量。

5. 稳定性

树脂类离子交换剂稳定性较好，在浓度较高的酸或碱溶液中进行短期处理后，其性质仍无改变。而亲水性离子交换剂的稳定性与树脂类相比较差，易被污染。

四、 离子交换剂的选择

1. 阴、阳离子交换剂的选择

如果被分离物质带正电荷，应选择阳离子交换剂；如果被分离物质带负电荷，则应选择阴离子交换剂；如果被分离物质为两性离子，要按照其稳定状态的净电荷来选择交换剂。假设一蛋白质的等电点为 5，若该物质在 pH5 ~ 8 稳定时，应选择阴离子交换剂；若该物质在 pH5 以下稳定时，则可选择阳离子交换剂。

2. 强、弱离子交换剂的选择

一般来说，强离子交换剂适用的 pH 范围很广。所以常用它来制备去离子水和分离一些在极端 pH 溶液中解离且较稳定的物质。而弱离子交换剂适用的 pH 范围较窄，在 pH 为中性的溶液中交换容量也高，用于分离生物大分子物质时，其活性不易丧失。所以，分离生物样品多采用弱离子交换剂。为了提高交换容量，一般应选择结合力较小的反离子，强酸性和强碱性离子交换剂应分别选择 H 型和 OH 型；弱酸性和弱碱性离子交换剂应分别选择 Na 型和 Cl 型。

3. 基质的选择

树脂基质是疏水性化合物，而纤维素、葡聚糖和琼脂糖基质则是亲水性化合物。在分离生物大分子时，亲水性基质交换容量高，且对生物大分子物质的吸附和洗脱都比较温和，被分离物质活性不易受到破坏。

五、 离子交换剂的处理、 再生和转型

取适量的固体离子交换剂先用水浸泡，待充分膨胀后加大量的水悬浮除去细颗粒，然后改用酸或碱浸泡，以便除去杂质并使其带上需要的反离子。疏水性离子交换剂可以用 2 ~ 4 倍的 2mol/L NaOH 或 2mol/L HCl 溶液处理；而亲水性离子交换剂则只能用 0.5mol/L NaOH 和 0.5mol/L NaCl 混合溶液或 0.5mol/L HCl 处理（室温下处理 30min）。酸碱处理的次序决定了离子交换剂携带反离子的类型。在每次用酸（或碱）处理后，均应先用水洗涤至近中性，再用碱（或酸）处理。最后用水洗涤至中性，经缓冲液平衡后即可使用或装柱。

使用过的离子交换剂，可采用一定的方法使其恢复原来的性状，这一过程称为再生。再生可以通过上述的酸、碱反复处理完成，但有时也可以通过转型处理完成。所谓转型是指离子交换剂由一种反离子转为另一种反离子的过程。比如，欲使阳离子交换剂转成钠型时，则需用 NaOH 处理；欲使其转成氢型时，则需用 HCl 处理；欲使其带铵离子时，则需用 NH_4OH 或 NH_4Cl 处理。

长期使用过的树脂含有很多杂质，欲将其除掉，应先用沸水处理，然后用酸、碱处理。用热的稀酸、稀碱处理效果更好。树脂若含有脂溶性杂质时，可用乙醇或丙酮处理。而长期使用过的亲水性离子交换剂的处理一般只用酸、碱浸泡即可。原则上讲，去除杂质的过程应在不破坏离子交换剂的结构和稳定性，不影响其原有交换容量的前提下进行。

项目三 离子交换层析操作

离子交换层析操作分为静态和动态两种。静态法是将离子交换剂置入盛有待

交换溶液的容器内搅拌进行。该法交换率低，不能连续进行多组分分离，但需要的设备简单、操作容易。动态法即柱层析法，将离子交换剂装入层析柱内，让流动相连续通过。该法交换效率高，应用范围广。

离子交换柱层析的操作流程同其他柱层析流程基本相同，包括离子交换剂的预处理、装柱、上样、洗脱、检测、收集，离子交换剂的再生和保存等步骤。层析柱高与直径一般为10:1左右。

一、离子交换剂的预处理

不同的离子交换剂在使用前所需进行的预处理程序是不同的。若离子交换剂是以液态湿胶形式出售的，一般无需处理，使用前倾去上清液，按湿胶:缓冲液（体积比）＝3:1的比例加入起始缓冲液，搅匀后即可装柱。

对于凝胶树脂和Sephadex系列离子交换剂等以固态干胶形式出售的，使用前需要进行溶胀。溶胀时将离子交换剂放置在平衡缓冲液中进行，在常温下1~2d，在沸水浴中2h左右。不同的离子交换剂的膨胀度与带电基团种类、溶液pH和离子强度等有关。Sephadex类离子交换剂干胶进行溶胀不能用蒸馏水，因为在溶液离子强度很低的情况下，交换剂内部功能基团之间的静电斥力会变得很大，容易将凝胶颗粒胀破。

纤维素类离子交换剂也是以干胶形式出售，使用前也需要进行溶胀，纤维素的微观结构是不会被静电斥力破坏的，因而可以用蒸馏水进行溶胀，且加热能够加快溶胀。纤维素类离子交换剂在加工制造过程中产生的细颗粒会影响流速，因此在溶胀时尽量将其去除。纤维素在水中搅匀后进行自然沉降，一段时间过后将上清液中的漂浮物倾去，然后再加入一定体积的水混合，反复几次，就可以将细颗粒尽量去除。

离子交换剂溶胀后可用酸或碱处理进行转型，具体方法见前述部分。转型后用水或平衡液平衡即可装柱。

二、装柱

装柱对任何层析技术都是一个重要环节，装柱质量的好坏直接影响到分离效果。装柱质量不高会导致柱床内液体流动不均匀，造成区带扩散，影响分辨率，也会对层析流速产生影响。

装柱前，根据生产规模和层析类型选择合适的层析柱，洗涤干净后，将柱固定在层析台上，检查层析柱是否渗漏，并保证层析柱安装垂直。

离子交换层析柱一般是带有可移动接头的层析柱，柱两端的接头位置均可调节，装柱时先固定下端接头，加入所需体积的填料后稍等片刻，等上方出现一层清液面后插入上端接头并拧紧。装柱完成后柱内形成一段连续的填料床，上样时不需要拧开接头，可通过注射器或泵进样，还可以与成套的分离纯化装置连接，实现自动操作。层析柱材料有玻璃柱和不锈钢金属柱两种，前者多用于实验室小规模制备，后者多用于大规模生产中。

装柱时应避免在通风和日光直晒的环境中进行，介质如果低温保存，最好先放在柱温一样的环境中一段时间，避免由于温度变化引起气泡。装柱前将离子交换剂调至合适的浓度，太稠在装柱时易产生气泡；太稀则填充过程无法一次性完成，需要等过多液体流出后再加入介质，容易在柱中形成多个界面，影响柱效。

装柱时常用装填漏斗，用平衡液将层析柱底部死空间的空气排出，即先在柱内加入少量的平衡液流通后缓缓关闭流出口直至柱中可以看到少量液体为止。然后打开流出口，迅速将拌匀的离子交换剂悬浮液用玻璃棒引流缓慢倾倒入柱内，使介质悬浮液沿着柱内壁流下，防止有气泡产生。

装柱时尽可能一次性将介质导入层析柱，如果当介质沉降后发现柱床高度不够，需要再次向柱内补加介质，应当将已沉降表面轻轻搅起，然后再次倾入介质，防止两次倾注时产生界面。如果填装柱子之后发现柱床内有不连续的界面，需要将介质导出重新装柱。

介质倾注完毕后应关闭柱下端流出口，静置等待介质完全沉降，卸下装填漏斗，在柱床面上留下一段液柱，然后拧紧上端接头。装柱时必须参照所用介质的耐压值，严格控制柱床高度和流速。

装柱后要对装柱情况进行检查，特别是检查装柱是否均匀、柱内是否有气泡等。

三、 柱平衡

平衡的目的是为了确保离子交换剂的功能团与平衡液（起始缓冲液）的离子间达到吸附平衡，从而有利于后续对目的离子的有效吸附。判断层析柱是否已经达到了平衡，是通过检验柱下端流出的洗脱液与起始缓冲液在 pH、电导和离子强度方面是否达到一致，一般使用电导仪和精密的 pH 试纸即可。由于这几个指标中通常 pH 最难达到平衡，所以往往只检查洗脱液的 pH 即可。

对于一些弱型离子交换剂，由于本身具有一定的缓冲能力，直接用起始缓冲液是很难将其平衡至起始 pH，因此交换剂在装柱前就应当用酸或碱将其 pH 先调节至起始 pH，装柱后再用起始缓冲液进行平衡。有时为了加快离子交换剂达到平衡的速度，先选择与起始缓冲液有相同 pH 但浓度更大（如 0.5mol/L）的缓冲液平衡层析柱，可在较短时间内使 pH 达到平衡，再换用起始缓冲液进行平衡。通常在 pH 预先调节的情况下至少使用相当于两倍层析柱体积的起始缓冲液才能够完成平衡过程，这对于保证层析的选择性是非常重要的。需要注意的是：当使用强碱进行柱处理后，对于大部分的离子交换介质，要求在一定时间内快速将 pH 调整到中性，这时尽量不要用中性的水洗，而是用有缓冲能力的 pH 接近中性的缓冲液洗，以延长介质寿命。

四、 样品的准备与上样

上样是指将溶解在少量溶剂中的试样加到层析柱中，使被交换物质从料液中交换到离子交换剂上的过程。

在层析过程中，为延长高分辨率层析介质的寿命并得到好的分离效果，样品溶液中不应该有颗粒状物质存在。因此样品溶液配制后应当经过微滤以除去不溶解颗粒。在使用平均粒度在 $90\mu m$ 以上的介质时，使用孔径为 $1\mu m$ 的滤膜进行过滤就能够达到要求；在使用平均粒度在 $90\mu m$ 的介质时，应使用孔径为 $0.45\mu m$ 的滤膜进行过滤；需要无菌过滤或澄清度特别高的样品时，可使用孔径为 $0.22\mu m$ 的滤膜进行过滤。

对于离子交换层析来说，上样前还必须确保样品溶液在 pH 和离子强度方面与起始缓冲液是一致的，这样才能保证在起始条件下目的物质能吸附在离子交换剂上。对于固体样品，将其溶于起始缓冲液并校对 pH 即可实现。一般样品溶液离子强度会略大于起始缓冲液，这种离子强度的增加一般可以忽略不计，但增加的程度影响到目的物的吸附时则要适当稀释。对于蛋白质溶液，可以按一定的比例与缓冲液母液（浓缩形式的起始缓冲液，一般 pH 相同而浓度为起始缓冲液的 2~10 倍）混合，具体比例根据缓冲液浓度及样品体积进行计算，使混合溶液的离子强度与起始缓冲液达到一致。

在离子交换层析中，为了获得理想的分离效果，上样时样品中目的物的含量一般不超过有效交换容量的 10%~20%。但在实践中，有时目的物的含量是未知的，样品中杂质成分对有效交换容量的影响也比较复杂，此时可用小试法来确定最大加样量。实际的上样量必须低于最大上样量。

五、 洗脱

完成离子交换后，将离子交换剂上吸附的物质释放出来重新转入溶液的过程称为洗脱。洗脱前可用一到几个柱体积洗脱液洗去不吸附的物质。

洗脱液应根据离子交换剂和样品液的性质来选择，可选用酸、碱、盐以及有机溶剂等。对于强酸性树脂，一般选择氨水、甲醇及甲醇缓冲液等作为洗脱液；弱酸性树脂用稀硫酸、盐酸等作为洗脱液；强碱性树脂用盐酸－甲醇、乙酸等作为洗脱液等。

1. 改变洗脱剂的 pH

改变洗脱剂的 pH 使目的物分子带电荷情况发生变化，当 pH 接近目的物等电点时，目的物分子失去净电荷，从交换剂解吸并被洗脱下来。对于阴离子交换剂，为了使目的物解吸应当降低洗脱剂的 pH；对于阳离子交换剂，洗脱时应当升高洗脱剂 pH，从而被洗脱下来。

2. 增加洗脱剂的离子强度

不改变洗脱剂的 pH，增加洗脱剂的离子强度，此时目的物与交换剂的带电状态均未改变，但洗脱离子与目的物竞争结合交换剂，降低了目的物与交换剂之间的相互作用而导致洗脱，常用 NaCl 与 KCl。

3. 往洗脱剂中添加特定离子

这种洗脱方式称为亲和洗脱，目的物与该离子发生特异性相互作用而被置换下来。

在离子交换层析过程中，常用梯度溶液进行洗脱，而溶液的梯度则是由盐浓度或酸碱度的变化形成的。梯度溶液按组成来分，一般有两种：一种是增加离子强度的梯度溶液，用一种简单的盐（如 NaCl 或 KCl）溶解于稀缓冲液制成的，习惯上不用弱酸或弱碱的盐类。另一种是改变 pH 的梯度溶液：该溶液是用两种不同 pH 或不同缓冲容量的缓冲液制成的，所用缓冲液的种类、pH 以及缓冲容量要认真选择。对于增加离子强度的梯度溶液，不管用于何种类型的离子交换剂，其离子强度绝大部分是增加的。而改变 pH 的梯度溶液则不然，如果使用的是阳离子交换剂，pH 应从低到高递增；如果使用的是阴离子交换剂，pH 应从高到低递减，实际许可的 pH 范围由待分离物质的稳定 pH 范围和离子交换剂限制的 pH 范围来决定。

洗脱液的离子强度和酸碱度的变化速率会影响层析的效果。当被分离物之间的选择系数相差较小时，洗脱液的离子强度或酸碱度的变化速度较小，有利于分辨率的提高。若各组分的选择系数差别大，有些组分不易洗脱时，洗脱液的离子强度或酸碱度变化率要大些。洗脱过程是交换的逆过程，洗脱流速应低于交换时的流速。在洗脱过程中，流速会影响到待分离物质的分辨率。一般在第一次分离时选择一个适中的流速，根据层析检测结果是否达到分辨率的要求，再对流速进行优化。

六、 收集与检测

经洗脱流出来的溶液可用部分收集器分部分收集，每管体积一般以柱体积的 1%～2% 为宜。分部分收集的溶液经过检测分析，以相应的洗脱体积为横坐标，可绘制出洗脱曲线。若被分离物可以用合适的检测器检测，如核酸可用紫外检测器（检测 A_{260}），则可使洗脱液流经检测器的比色池，用记录仪直接绘制洗脱曲线。

七、 离子交换剂的再生、清洗、消毒与贮存

一次离子交换层析完成后，样品中的变性蛋白质、脂类等会有部分残留，甚至堵塞柱子。因此每次使用后，应彻底清洗柱中的结合物质，恢复介质的原始功能。离子交换剂的再生需要根据介质的稳定性、功能基团等的不同采用不同的方法。通常离子交换剂的生产商会提供介质再生和清洗的方法。一般情况下，2mol/L 盐溶液可以除去层析柱中任何以离子键与交换剂结合的物质，而盐的选择通常应与离子交换剂的平衡离子性质相同或相近，以 NaCl 最常用。当层析柱结合了以非离子键吸附的污染后，最好用酸或碱进行清洗，但要注意离子交换剂对酸、碱的稳

定性。脂类或脂蛋白污染可以用非离子型去污剂或乙醇来清除。高效离子交换介质和预装柱通常都采用原位清洗（CIP），即将清洗液直接泵入层析柱，污染物从柱下端被洗出，清洗后柱效基本不受影响。对于自装柱，原位清洗可能会使柱体积发生较大变化，多将层析剂从柱中取出后清洗。

暂时不用的离子交换柱，可用添加了抑菌剂（0.002%双氯苯双胍己烷、20%乙醇、0.001%~0.01%苯基汞盐、0.02%~0.05%叠氮钠、0.01mol/L NaOH、0.05%三氯丁醇等）的溶液封存。长时间不用的离子交换剂要从柱中取出，按照说明书要求干燥或在指定溶液中存放。

项目四　离子交换层析设备

一、 离子交换设备

离子交换设备与其他的层析设备有很多相似之处。实验室中常用层析柱、部分收集器、检测器等通过管路连接起来（图7-3和图7-4）。工业生产中的离子交换系统如图7-5所示。

离子交换过程根据操作方式不同可分为静态交换和动态交换。静态交换是指离子交换剂和被交换的溶液放置在同一容器内，一般需要有搅拌装置（可以是机械搅拌，也可以是通气搅拌），通过搅拌使离子交换剂和被交换溶液快速达到平衡。该操作方式所使用的设备称为静态交换设备，通常使用带搅拌装置的反应罐。静态交换操作中，当树脂达到饱和后，可利用沉降、过滤等方法将饱和树脂分离出来再装入解吸罐（柱）中进行洗涤（解吸）。这种交换方法设备简单，操作容易，只能应用于容易交换的操作。

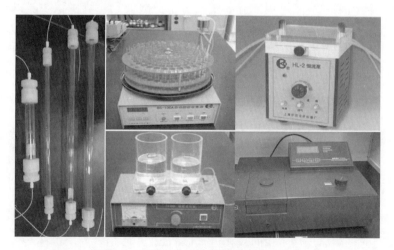

图7-3　实验室常用的层析离子交换设备

左—层析柱　中上—自动部分收集器　中下—梯度混合器　右上—恒流泵　右下—分光光度计

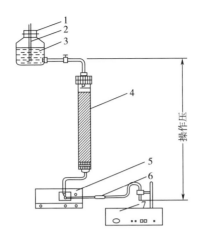

图 7 - 4 实验室层析系统连接示意图

1—密封橡皮塞 2—恒压管 3—恒压瓶 4—层析柱 5—核酸、蛋白质检测仪

6—可调螺旋夹 7—自动收集器

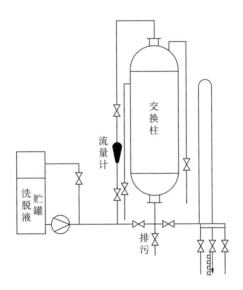

图 7 - 5 工业生产中离子交换系统示意图

　　动态交换是指离子交换剂和被交换液要在离子交换柱中进行交换的操作。根据操作方式不同可分为固定床系统和连续逆流系统两大类。固定床是指离子交换剂装在层析柱（罐）内，形成静止的固定床，被交换液流过静止床层进行交换（图 7 - 6）。固相床可分为单床（单柱或单罐操作）、多床（多柱或多罐串联操作）、复床（阳离子型、阴离子型树脂串联操作）及混合床（阳离子型、阴离子型

树脂混合于同一柱或罐的操作）等，均为间歇分批操作。连续逆流系统是指树脂和被交换液以相反的方向逆流进入交换柱，可以使树脂、料液、再生剂和水都处于流动状态，使交换、再生及洗涤完全连续化进行，使设备的生产能力提高。当处理量很大时，多采用此操作。

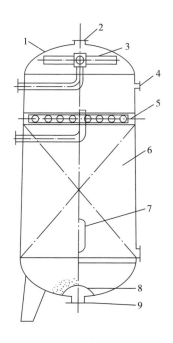

图 7 - 6　固定床离子交换设备示意图
1—壳体　2—排气孔　3—上水分布装置　4—树脂卸料口　5—压胀层
6—树脂层　7—视镜　8—下水分布装置　9—出水口

二、工业生产中常用的离子交换设备

（一）普通离子交换罐

普通离子交换罐（柱）是具有椭圆形顶和底的圆筒形设备，其圆筒体的长和筒径之比一般为 2 ~ 3，也有到 5。装树脂层高度占总体积的 50% ~ 70%。交换罐的上部设有液体分布装置，以便使被交换液、解吸液或再生剂能在整个罐截面上均匀分布。圆筒体的底部与椭圆形封头之间可装有多孔板，板上铺有筛网及滤布用以支撑树脂层，见图 7 - 7。

交换罐必须能耐酸和碱（树脂经常要用酸碱处理），大型设备通常用普通钢内衬橡胶制成。小型交换柱可用聚氯乙烯筒制成，实验室交换柱多用玻璃制作。固定床交换罐的优点是设备简单，操作方便，适用于各种规模的生产，是最常用的方式之一，生物制药生产多采用这种设备。将几个单床串联起来操作就形成了多

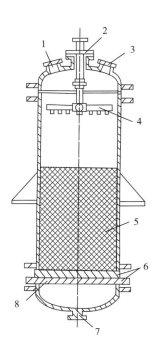

图7-7　具有多孔支撑板的离子交换罐示意图
1—视镜　2—进料口　3—手孔　4—液体分布器　5—树脂层
6—多孔板　7—出液口　8—尼龙布

床设备。为了克服多床的阻力，要选用合适扬程的泵或有足够高的高位槽使料液压入第一罐，然后靠罐内空气的压力将料液压入下一罐。

为防止腐蚀，离子交换罐的附属管道一般采用硬聚氯乙烯管，阀门一般用塑料或橡皮隔膜阀门。料液的流量一般用转子流量计计量。

（二）反吸附离子交换罐

反吸附离子交换罐在操作中，被吸附料液是由罐的下部导入，上部导出。应控制好流速，使树脂在料液中呈现沸腾又不溢出罐外。

应用反吸附可直接从发酵液开始进行离子交换，省去了菌丝体的液－固分离工序。此外，由于树脂处于沸腾状态，具有两相接触均匀，操作时不易产生短路、死角；传质效果好，生产周期短等优点。但反吸附树脂的饱和度不及正吸附高。反吸附时罐内的树脂层高度比较低（避免树脂外溢），相同的设备交换容量相对较小。反吸附交换罐的结构见图7-8。

（三）混合床交换罐

混合床是将阴离子型、阳离子型两种树脂混合装在一个柱内，阴离子型、阳离子型树脂常以体积比1:1混合。在制备去离子水时，从阳离子型树脂交换下来的

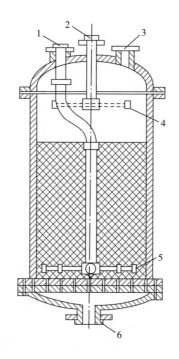

图 7 - 8　反吸附离子交换罐示意图

1—视镜　2—进料口　3—手孔　4—液体分布器　5—树脂层　6—多孔板

H^+ 和阴离子型树脂交换下来的 OH^- 可结合成水，使流体呈中性。若将混合床用于生物药的精制中，可避免用复床（阴离子型、阳离子型树脂分别串联）时料液变酸性或变碱性的现象，可以减少对有效成分的破坏。混合床操作时溶液由上而下流动。再生时，先用水反冲，使阴离子型、阳离子型树脂借密度差分层（一般阳离子型树脂密度较大），然后将碱液由罐的上部引入，中和上部的阴离子型树脂；酸液由罐的底部引入；两种再生剂废液要从分层的界面处导出，经过再生及洗涤完毕后再用压缩空气将两种树脂混合后重新开始操作。混合床制备去离子水的流程见图 7 - 9。

项目五　离子交换层析应用

　　离子交换层析的应用范围很广，既可应用于水处理以及氨基酸、抗生素、有机酸等小分子化合物的分离，也可以用于多糖、蛋白质、核酸等生物大分子的分离。

　　离子交换层析广泛应用于纯水的制备。纯水的制备可以用蒸馏的方法，但要消耗大量的能源，而且制备量小、速度慢。用离子交换层析方法可以大量、快速制备高纯水。一般是将水依次通过 H^+ 型强阳离子交换剂，去除各种阳离子杂质；

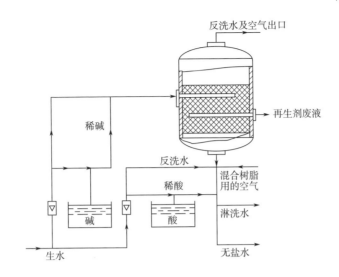

图 7 – 9   用混合床制备去离子水流程图

再通过 OH⁻型强阴离子交换剂，去除各种阴离子杂质，然后通过混合离子交换剂进一步纯化，就可以得到纯度较高的纯水。

离子交换层析广泛应用于无机离子、有机酸、核苷酸、氨基酸、抗生素等小分子物质的分离纯化。例如对氨基酸的分析，使用强酸性阳离子聚苯乙烯树脂，将氨基酸混合液调整至 pH 2 ~ 3 后上柱，氨基酸都结合在树脂上，再逐步提高洗脱液的离子强度和 pH，这样各种氨基酸将以不同的速度被洗脱下来，再进行分离鉴定。氨基酸自动分析仪就是以离子交换层析为原理进行设计的。离子交换层析是分离纯化蛋白质等生物大分子的一种重要手段，但由于生物样品的复杂性，一般很难只经过一次离子交换层析就能达到较高纯度，往往要与其他分离方法配合使用。

【思考题】

1. 什么是离子交换层析？其原理是什么？

2. 离子交换剂的分类有哪些？

3. 离子交换剂由哪几部分组成？何谓阴离子交换剂？

4. 如何选择合适的离子交换剂？

5. 简述离子交换层析的操作流程及注意事项。

▰▰▰ 实训案例7   **离子交换层析分离氨基酸**

一、实训目的

1. 熟悉离子交换层析技术的基本原理和方法。

2. 掌握离子交换层析分离氨基酸的基本原理和操作。

二、实训原理

氨基酸是两性电解质，有一定的等电点，在溶液 pH 小于其 p*I* 时带正电，反之带负电。在一定的 pH 条件下，各种氨基酸的带电情况不同，因此，与离子交换剂上的交换基团的亲和力也不同，从而实现不同氨基酸的分离。

Dowex50 是含磺酸基团的强酸性阳离子交换剂，待分离的样品为 Asp、Gly、His 3 种氨基酸（等电点依次为 2.97、5.79、7.59）的混合液，这 3 种氨基酸分别属于酸性氨基酸、中性氨基酸和碱性氨基酸，它们在 pH4.2 的缓冲液中分别带负电荷和不同量的正电荷，与 Dowex50 的磺酸基之间的亲和力不同，因此被洗脱下来的顺序也不同，可以将 3 种氨基酸分离开来，将各收集管分别用茚三酮显色鉴定。

三、实训材料

1. 设备

分光光度计，色谱柱（18cm×0.8cm），试管，电子天平，pH 计。

2. 试剂

（1）1mol/L NaOH。

（2）氨基酸混合液　Asp、Gly、His 各 10mg 溶于 30mL 0.06mol/L pH4.2 柠檬酸钠缓冲液中。

（3）0.06mol/L pH4.2 柠檬酸钠缓冲液　称取柠檬酸三钠 98.0g 溶于蒸馏水中，再加入 42mL 浓盐酸和 6mL 80% 苯酚（现用可不加苯酚），最终加蒸馏水至 5000mL，用 pH 计调溶液 pH 至 4.2。

（4）茚三酮显色液　称取 85mg 茚三酮和 15mg 还原茚三酮，用 10mL 乙二醇溶解。

（5）Dowex50 的处理　Dowex50 用蒸馏水充分浸泡后，用 6mol/L HCl 浸泡煮沸 1h，然后用蒸馏水洗去 HCl 至树脂呈中性，换 15% NaOH 浸泡 1h，用蒸馏水洗去 NaOH 至树脂呈中性，最后用 pH4.2 柠檬酸钠缓冲液浸泡备用。

四、实验步骤

1. 装柱前准备

用流水冲洗层析柱，然后用蒸馏水冲洗，柱流水口装上橡皮管。

2. 装柱

将处理好的 Dowex50 悬浮液小心倒入层析柱内，待 Dowex50 自然下沉至柱下部时，打开下端放出液体，再慢慢加入悬浮液至 Dowex50 沉积面距离层析柱上缘约 4cm 时停止。装柱时要防止柱内产生气泡，同时保持树脂床面始终不能暴露在空气中。

3. 平衡

用 pH4.2 的柠檬酸钠缓冲液洗脱柱床，平衡洗脱 10min，接通蠕动泵，调节流速为 1mL/min。

4. 上样

柱内缓冲液液面与树脂面接平、柱床表面将干未干时，关闭柱子，马上用胶头滴管吸取样品液，轻缓滴加至柱面（不能破坏树脂平面），打开柱子并同时加少量缓冲液使样品进入层析柱树脂内，反复两次，当样品完全进入树脂柱床后，接通蠕动泵，用 pH4.2 的柠檬酸钠缓冲液洗脱，部分收集器接收洗脱下来的样品。

5. 收集与检测

取 12 支试管编号，每管加入茚三酮显色液 20 滴，依次收集洗脱液 2mL，混匀，沸水浴 15min，观察颜色变化，冷却后测其 570nm 波长的吸光值，当收集至第二洗脱峰刚出现时（茚三酮显色），换用 0.1mol/L NaOH 溶液洗脱，直至第三洗脱峰出现后，停止洗脱。

6. 树脂的再生

用 0.1mol/L NaOH 溶液洗脱层析柱 10min。

7. 树脂的回收

拔去橡皮接收管，用洗耳球对着层析柱下端流出口将树脂吹入装树脂的小瓶中，加入 0.1mol/L NaOH 溶液浸泡。

8. 洗脱曲线的绘制

以吸光度为纵坐标，洗脱体积为横坐标绘制曲线。

五、讨论

分析洗脱曲线，讨论 3 种氨基酸的分离情况和实验注意事项。

模块七

亲和层析技术

知识要点

有些生物分子的特定结构部位能够和其他分子相互识别并结合，如酶与底物、抗原与抗体等，这种结合具有特异性，生物分子间的这种结合能力称为亲和力。亲和层析是利用生物分子间专一的亲和力而进行分离的一种层析技术。亲和层析过程简单、快速，具有很高的选择性，在生物分离中有广泛的应用。

项目一 亲和层析基本概念

在生物体内，许多大分子具有与某些相对应的专一分子可逆结合的特性，生物分子之间这种特异的结合能力称为亲和力。亲和力主要表现为范德华力、疏水力、静电力、氢键等。具有专一亲和力的生物分子对主要有：抗原与抗体、DNA 与互补 DNA 或 RNA、酶与它的底物或竞争性抑制剂、激素（或药物）与它们的受体、维生素和它的特异结合蛋白、糖蛋白与它相应的植物凝集素等。人们很早就认识到蛋白质、酶等生物大分子能和某些相对应的分子专一结合，可以用于生物分子的分离纯化。

亲和层析是利用生物分子间专一的亲和力而进行分离的一种层析技术。亲和层析是分离纯化蛋白质、酶等生物大分子特异而有效的层析技术，分离过程简单、快速，具有很高的分辨率，在生物分离中有广泛的应用。

亲和层析是由吸附层析发展起来的，主要根据生物分子与特定的配基（Ligand）之间的亲和力而使生物分子得到分离。亲和层析过程中，待分离的生物分子在一定的条件下特异地结合到与不溶性载体共价偶联的配基上，然后改变原有条件，如选用竞争性抑制剂、底物、辅助因子或采用不同 pH 的缓冲液、高浓度盐、变性剂等，又可有选择性地从亲和吸附载体上把待分离物质洗脱下来。通过亲和层析，被分离物质的纯度可显著提高。

亲和层析已经广泛应用于生物分子的分离和纯化，如结合蛋白、酶、抑制剂、抗原、抗体、激素、激素受体、糖蛋白、核酸及多糖类等；也可以用于分离细胞、细胞器、病毒等。近几十年来，亲和层析技术发展十分迅速。对于那些分离流程长、浓度低、杂质多，采用常规方法难以进行分离的生物分子来说，亲和层析技术就显示出其独特的优越性。

项目二 亲和层析原理

常见的层析方法如吸附层析、凝胶层析、离子交换层析等一般是利用分子的理化特性差异如分子的极性、分子大小、分子的带电性等差异进行分离。由于很多生物大分子之间的这种差异较小，所以这些方法的分辨率往往不高；分离纯化一种物质通常需要多种方法结合使用，这不仅使分离需要较多的操作步骤、较长的时间，而且会导致回收率降低，同时会影响目的物的活性。亲和层析是利用生物分子所具有的特异的亲和力来进行分离纯化的，由于亲和力具有高度的专一性，使得亲和层析的分辨率很高。

生物分子间存在很多特异性的相互作用，如抗原－抗体、酶－底物或抑制剂、激素－受体等，它们之间都能够专一而可逆地结合。通过将相互具有亲和力的两个分子中的其中一个固定在不溶性载体（或称不溶性介质）上，利用分子间亲和力的特异性和可逆性，可对另一个分子进行分离纯化。被固定在不溶性载体上的分子称为配基（亲和配基）。不溶性载体和配基是共价结合的，构成亲和层析的固定相，称为亲和吸附剂。亲和层析时，首先选择与待分离的生物大分子有亲和力的物质作为配基，例如分离酶可以选择其底物或类似物或竞争性抑制剂为配基，分离抗体可以选择抗原作为配基。然后将配基共价结合在适当的不溶性载体上，如常用的 Sepharose－4B 等。将制备的亲和吸附剂装柱并平衡，当样品溶液通过亲和层析柱的时候，待分离的生物分子就与配基发生特异性的结合，从而留在固定相上；而其他杂质不能与配体结合，仍在流动相中，并随洗脱液流出，这样层析柱中就只有待分离的生物分子。通过适当的洗脱液将其从配基上洗脱下来，就得到了纯化的待分离物质。

将亲和配基固定在不同的介质上，可分为不同的亲和分离技术，将亲和配基固定在层析介质上，即为亲和层析技术；将亲和配基连接在分离膜上，即为亲和膜分离技术。亲和分离过程都是通过引入亲和配基得以实现的（图 8-1）。

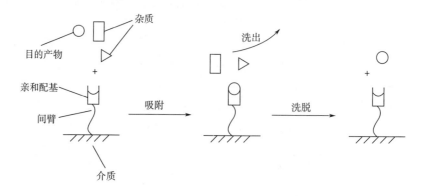

图 8-1　亲和分离过程示意图

生物分子如抗原和抗体、酶和底物、激素和受体等之间的亲和作用属于生物专一性识别作用。此外，某些物质和生物大分子之间也有一些特异性作用，如染料和某些酶（特别是脱氢酶和激酶等），植物凝集素和糖蛋白，金属离子和蛋白质表面的组氨酸等之间的作用，都可应用于亲和分离过程。根据以上两种亲和作用的不同，可将亲和配基按其来源分为两类：生物特异性配基（如抗体、NAD、AMP 等）和拟生物亲和配基（如染料、金属离子等）。

目前，亲和层析技术众多，一般常根据配基的名称和所使用技术的名称来命名，如固定化金属离子亲和层析、染料亲和层析等。现将常用的亲和层析技术列表，见表 8-1。

表 8-1　　　　　　　　　　　常见亲和层析技术

名称	作用原理	纯化的目的物
免疫亲和层析	抗体和抗原特异性结合	抗体或抗原
固定化金属亲和层析	Zn^{2+}，Ni^{2+} 等与蛋白质表面组氨酸的特异性结合	含有组氨酸的蛋白质
染料亲和层析	染料和蛋白质之间的特异性结合	激酶、脱氢酶
核苷酸亲和层析	核苷酸和蛋白质之间的特异性结合	激酶、脱氢酶
凝集素（Lectin）亲和层析	凝集素和糖之间的特异性结合	糖蛋白
蛋白质 A（Protein A）亲和层析	蛋白质 A 对 IgG 类似抗体的特异性结合	免疫球蛋白等

亲和层析中，能进行专一结合的两个分子一般都可作为配基。如抗原和抗体，抗原可选作抗体的配基，反之抗体也可选作为抗原的配基。亲和配基必须具备以下的条件：①亲和配基和被分离生物大分子之间的特异性亲和作用必须是可逆的。②配基与被分离的生物大分子之间能形成稳定的复合物，但同时结合又不能太强。当外界条件适当改变，且不使待分离的大分子变性时，就可将复合物解离，使目

标分子和配基分离，同时亲和配基得以再生。③配基能够进行一定的化学改性，易于固定在层析载体上，且固定到载体上后，配基的特异性作用不发生明显的变化。亲和配基的特异性，决定着分离纯化所得产品的纯度，亲和配基与目标分子之间作用的强弱决定着吸附和解吸的难易程度。

项目三 亲和吸附剂

选择合适的亲和吸附剂是亲和层析的关键步骤之一。它包括载体和配基的选择、载体和配基的耦联等。

一、载体

（一）亲和层析对载体的要求

载体构成固定相的骨架，亲和层析的载体应具有以下特点。

1. 具有较好的物理、化学稳定性

载体应具有较好的物理、化学稳定性，能抗微生物和酶的侵蚀；较好的化学稳定性；载体在与配基耦联、层析过程以及洗脱时溶液 pH、离子强度改变等条件下，载体的性质都不能有明显的改变。

2. 能够和配基稳定地结合

亲和层析载体应具有较多的化学活性基团，通过一定的化学处理能够与配基稳定地共价结合，并且结合后不改变配基的基本性质。

3. 载体应具有均匀的多孔网状结构

载体应具有均匀的多孔网状结构，使被分离的生物分子能够自由通过，充分与配基结合。载体孔径过小会增加载体的排阻效应，使被分离物与配基结合的几率下降，降低亲和吸附容量。所以一般多选择较大孔径的载体，以使待分离物充分与配基结合。

4. 载体应具有较好的亲水性和水不溶性

载体应具有较好的亲水性，以使生物分子易于靠近并与配基作用。另外，载体本身与样品中的各个组分不能有明显的非特异性吸附，不影响配体与待分离物的结合。

总之，载体是亲和配基附着的基础，起着支撑和骨架作用。

（二）常见的亲和层析载体

常见的亲和层析载体有：纤维素、葡聚糖、琼脂糖、聚丙烯酰胺凝胶、无机载体等。其中，琼脂糖是亲和层析最常用的载体。

1. 多糖类

多糖类载体主要有纤维素（Cellulose）、葡聚糖（Sephadex、Dextrin）和琼脂糖（Sepharose）等。纤维素载体较软，容易压缩，但价格低廉，目前已在亲和层析中应用。葡聚糖孔径较小，经过活化后，会进一步降低其多孔性，使其亲和效率降低。琼脂糖是亲和层析理想介质之一，具有优良的多孔性，而且经过交联后，可大大改善其理化稳定性和机械性能，在亲和层析中最常用。

2. 聚丙烯酰胺

聚丙烯酰胺凝胶也是一种常用的亲和层析介质。它是由丙烯酰胺与双功能交联剂 N，N' - 亚甲基双丙烯酰胺在一定条件下共聚产生的凝胶。通过调节单体浓度和交联剂的比例，可得到不同孔径的凝胶。聚丙烯酰胺凝胶的非特异性吸附较强，一般应在较高离子强度（0.02mol/L 以上）条件下操作。其优点是功能基团多，和配基耦联方便。聚丙烯酰胺和琼脂糖的共聚物 Ultrogel 凝胶非特异性吸附少，已在亲和层析中应用。

3. 无机载体

亲和层析用的无机载体主要有多孔玻璃、陶瓷和硅胶等。无机载体具有优良的机械性能，不受洗脱液、压力、流速、pH 和离子强度的影响，可获得快速、高效的分离；而且可抗微生物腐蚀，容易进行消毒。但也有缺点，如表面对某些蛋白质有非特异性吸附作用，而且难以和配基耦联。亲和层析中使用的多孔玻璃是粒径较大的玻璃珠（40 ~ 80 目或 80 ~ 120 目）。对于亲和层析而言，孔径的选择是一个关键，它决定了功能化基团的数量和亲和介质的吸附容量。为利用无机载体的优点（如机械强度高），而避免其缺点（如不易于功能化），目前很多载体采用涂层，即将容易功能化的介质如多糖包裹在多孔无机载体上，从而易于接上多种亲和配基。

二、 配基

亲和层析是利用配基和待分离物质的亲和力而进行分离纯化的，所以选择合适的配基对于亲和层析的分离效果是非常重要的。理想的配基应具有以下一些性质。

1. 配基与待分离的物质有适当的亲和力

配基与待分离的物质要有适当的亲和力，亲和力太弱，待分离物质不易与配体结合，造成亲和层析吸附效率很低。而且吸附洗脱过程中易受非特异性吸附的影响，引起分辨率下降。但如果亲和力太强，待分离物质很难与配体分离，这又会造成洗脱的困难。总之，配基和待分离物质的亲和力过弱或过强都不利于亲和层析的分离。应根据实验要求尽量选择与待分离物质具有适当亲和力的配基。

2. 配基与待分离的物质之间的亲和力要有较强的特异性

配基与待分离的物质之间的亲和力要有较强的特异性，也就是说配基与待分离物质有适当的亲和力，而与样品中其他组分没有明显的亲和力，对其他组分没有非特异性吸附作用。这是保证亲和层析具有高分辨率的重要因素。

3. 配基要能够与载体稳定地共价结合

配基要能够与载体稳定地共价结合，不仅在层析过程中不易脱落，并且配基与载体耦联后，对其结构没有明显改变。

4. 配基自身应具有较好的稳定性

在实验中能够耐受耦联以及洗脱时可能的较剧烈条件，可以多次重复使用。完全满足上述条件的配基实际上很难找到，应根据实际情况选择尽量满足上述条件的最适宜的配基。

配基的特异性是保证亲和层析高分辨率的重要因素，但寻找特异性配基有时比较困难，尤其对于一些性质不很了解的生物大分子，要找到合适的特异性配基通常需要大量的实验。解决这一问题的方法是使用通用性的配基。通用性配基一般是指特异性不是很强，能和某一类蛋白质等生物大分子结合的配基，如各种凝集素可以结合各种糖蛋白。通用性配基对生物大分子的专一性虽然不如特异性配基，但通过选择合适的洗脱条件也可以得到很高的分辨率。而且这些配基还具有结构稳定、耦联率高、吸附容量高、易于洗脱、价格便宜等优点，所以在实验中得到了广泛的应用。表 8 - 2 列出了一些通用性配基及其应用。

表 8 - 2　　　　　　　　　　　　某些通用性配基及其纯化的蛋白质

配基	纯化的蛋白质
5′ - ATP	NAD^+ 类脱氢酶
活性蓝（Cibacron blue）	激酶或脱氢酶
红色三嗪染料（Procion red HE - 3B）	脱氢酶或干扰素等
肝素（Heparin）	抗凝血酶
凝集素（Lectin）	糖蛋白等
蛋白 A（Protein A）	IgG 和 IgM

三、 载体与配基的耦联

载体与配基的耦联，通常首先要进行载体的活化。溴化氰活化多糖凝胶并耦联蛋白质技术的出现，解决了配基固定化的问题，使得亲和层析技术得到了快速的发展。活化后的载体可以在较温和的条件下与含氨基、羧基、醛基、酮基、羟基、巯基等多种配基反应，使配基耦联在载体上。配基和载体耦联完毕后，必须要反复洗涤，以去除未耦联的配基。

（一） 载体的活化

载体的活化是指通过对载体进行一定的化学处理，使载体表面上的一些化学基团转变为易于和特定配基结合的活性基团。配基和载体的耦联，通常首先要进行载体的活化。

1. 多糖载体的活化

多糖载体尤其是琼脂糖是一种常用的载体。琼脂糖通常含有大量的羟基，通过一定的处理可以引入各种适宜的活性基团。多糖载体的活化方法很多，下面介绍一些常用的活化方法。

（1）溴化氰活化　溴化氰活化法是最常用的活化方法之一。活化过程主要是生成亚胺碳酸活性中间体，它可以和伯氨基（—NH_2）反应。含有伯氨基的配基，如氨基酸、蛋白质就可以结合在载体上，对于蛋白质而言，最可能发生反应的基团是 N 末端的 α - 氨基。

溴化氰活化的载体可以在温和的条件下与配基结合。这种方法的缺点是溴化氰活化的载体和配基耦联后生成的异脲衍生物中氨基的 pK_a 大约为 10.4，所以通常会带一定的正电荷，从而使载体可能有阴离子交换剂样作用，增大了非特异性吸附，从而影响亲和层析分辨率。另外溴化氰活化的载体与配基结合不够稳定，尤其是当与小配基结合时，可能会出现配基脱落现象。溴化氰有剧毒、易挥发，应在通风柜中进行。

（2）环氧乙烷基活化　在碱性条件下，多糖载体与环氧氯丙烷作用生成环氧化合物中间体，该中间体可以结合含有伯氨基（—NH_2）、羟基（—OH）和巯基（—SH）等基团的配基。这种活化方法的优点是活化后不引入电荷基团，而且载体与配基形成的 N—C、O—C 或 S—C 键都很稳定，所以配基与载体结合紧密，亲和吸附剂使用寿命长，而且便于在亲和层析中使用较强烈的洗脱手段。另外这种处理方法毒性较小。缺点是用环氧乙烷基活化的载体在与配基耦联时需要碱性条件，pH 为 9～13，温度为 20～40℃。这样的条件对于一些对碱比较敏感的配基可能不适用。

上面两种方法是比较常用的方法，另外还有多种活化方法，如高碘酸氧化法、双功能试剂法等。

2. 其他类型载体的活化

聚丙烯酰胺凝胶有大量的甲酰胺基，可以通过对甲酰胺基的修饰而对聚丙烯酰胺凝胶进行活化。一般采用氨乙基化和碱解作用方式，在耦联蛋白质配基时也通常用戊二醛活化聚丙烯酰胺凝胶。

对于多孔玻璃珠等无机凝胶的活化通常采用硅烷化试剂与玻璃反应生成烷基胺－玻璃，在多孔玻璃上引进氨基，再通过氨基反应引入活性基团，与适当的配基耦联。

目前对载体的活化方法很多，各有其特点，应根据实际需要选择适当的活化方法。

（二）载体与配基的耦联

通过载体活化可以在载体上引入多种活性基团，这些活性基团可以在较温和的条件下与含氨基、羧基、醛基、酮基、羟基、巯基等多种配基反应，使配基耦联在载体上。特殊情况下，通过碳二亚胺、戊二醛等双功能试剂可以使配基与载体耦联。目前，几乎任何一种配基都可以找到适当的方法与载体耦联。

在亲和层析中，由于配基结合在载体上，它在与待分离的生物大分子结合时，很大程度上要受到载体和待分离的生物大分子间的空间位阻效应的影响。尤其是当配基较小或待分离的生物大分子较大时，如果结合在载体上的小分子配基非常靠近载体，而待分离的生物大分子由于受到载体的空间障碍，使得其与配基结合的部位无法接近配基，影响了待分离的生物大分子与配基的结合，造成吸附量的降低。解决这一问题的方法通常是在配基和载体之间引入适当长度的"间隔臂"，即加入一段有机分子，使载体上的配基离开载体的骨架向外扩展伸长，这样就可以减少空间位阻效应，可显著地提高配基的空间利用度，大大增加配基对待分离的生物大分子的吸附效率。加入手臂的长度要恰当，太短则效果不明显；太长则容易造成弯曲，反而降低吸附效率。

引入间隔臂分子常用的方法是将适当长度的氨基化合物 $NH_2(CH_2)_nR$ 共价结合到活化的载体上，R 通常是氨基或羧基，n 一般为 $2\sim12$。例如 Pharmacia 公司生产的 AH-Sepharose 4B 和 CH-Sepharose 4B 就是分别将 1，6-乙二胺、6-氨基乙酸与 CNBr 活化的琼脂糖反应，引入间隔臂分子。二者的末端分别为氨基或羧基，通过碳二亚胺的缩合作用可以分别与含羧基或氨基的配基耦联。引入间隔臂的载体与配基结合时，配基就可以间隔载体一定的空间，从而可以减少空间位阻效应，易于与待分离物质结合。

间臂分子的引入要考虑两个因素：一是空间位阻。若目的生物分子的分子质量较低或与亲和配基的亲和性较强，则间臂分子效果不明显。二是疏水作用。引入间臂分子，一般增强了配基的疏水性，用疏水间臂联结载体和疏水性较强的配基，往往效果不明显。因此，间臂的长度是很重要的因素，太短，效果不明显；太长，会产生一些疏水性非特异吸附。实验结果表明，一般引入 $4\sim6$ 个亚甲基时，间臂分子效果较好，再增加间臂分子长度，反而有可能会降低吸附效果，载体的疏水性和非特异性吸附也会随着间臂分子长度的增长而增强。

配基和载体耦联完毕后，必须要反复洗涤，以去除未耦联的配基。另外要用适当的方法封闭载体中未耦联上配基的活性基团，也就是使载体失活，以免影响后面的亲和层析分离。

目前已有多种活化的载体以及耦联各种配基的亲和吸附剂制成商品出售，可以省去载体活化、配基耦联等复杂的步骤。商品亲和吸附剂使用方便，效果好，但一般价格昂贵。

项目四　亲和层析过程

亲和层析纯化某一种物质的首要条件是必须找到适宜的配基，并将其固定上载体之后方可进行，具有选择性较高、柱体积较小、上样量大、操作步骤少等优点。亲和层析中，配基以共价键形式与不溶性载体相连组成固定相吸附剂，当含有混合组分的样品通过此固定相时，和固定相有特异亲和力的物质被固定相吸附结合，其他组分就随流动相流出，然后改变流动相成分，再将结合的亲和目的物洗脱下来（图 8 − 2）。亲和层析操作方法与一般的柱层析操作基本类似。下面介绍亲和层析操作过程主要注意事项。

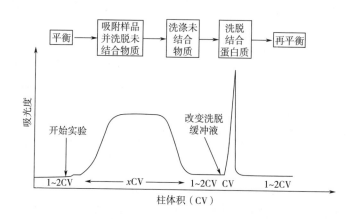

图 8 − 2　亲和层析的一般过程

一、上样

亲和层析纯化生物大分子通常采用柱层析的方法。亲和层析柱一般很短，通常 10cm 左右。上样时应注意选择适当的条件，包括上样流速、缓冲液种类、pH、离子强度、温度等，以使待分离的物质能够充分结合在亲和吸附剂上。

一般生物大分子和配基之间达到平衡的速度很慢，所以样品液的浓度不宜过高，上样时流速应比较慢，以保证样品和亲和吸附剂有充分的接触时间进行吸附。特别是当配基和待分离的生物大分子的亲和力比较小或样品浓度较高、杂质较多时，可以在上样后停止流动，让样品在层析柱中停留一段时间，或者将上样后流出液进行二次上样，以增加吸附量。

生物分子间的亲和力是受温度影响的，通常亲和力随温度的升高而下降。所以在上样时可以选择适当较低的温度。而在后面的洗脱过程可以选择适当较高的温度，使待分离的物质与配基的亲和力下降，以便于将待分离的物质从配基上洗脱下来。

上样后用平衡洗脱液洗去杂质。平衡缓冲液的流速可以快一些，但如果待分离物质与配基结合较弱，平衡缓冲液的流速还是较慢为宜。如果存在较强的非特异性吸附，可以用适当较高离子强度的平衡缓冲液进行洗涤，但应注意平衡缓冲液不应对待分离物质与配基的结合有明显影响，以免将待分离物质与杂质同时洗下。

二、 洗脱

亲和层析的另一个重要的步骤就是要选择合适的条件使待分离物质与配基分开而被洗脱出来。亲和层析的洗脱方法可以分为两种：特异性洗脱和非特异性洗脱。

1. 特异性洗脱

特异性洗脱是指利用洗脱液中的物质与待分离物质或与配基的亲和特性而将待分离物质从亲和吸附剂上洗脱下来。特异性洗脱为两种：一种是选择与配基有亲和力的物质进行洗脱，另一种是选择与待分离物质有亲和力的物质进行洗脱。前者在洗脱时，选择一种和配基亲和力较强的物质加入洗脱液，这种物质与待分离物质竞争对配基的结合，在适当的条件下，如这种物质与配基的亲和力较强，配基就会基本被这种物质占据，原来与配基结合的待分离物质被取代而脱离配基，从而被洗脱下来。例如用凝集素作为配基分离糖蛋白时，可以用适当的单糖洗脱，单糖与糖蛋白竞争对凝集素的结合，可以将糖蛋白从凝集素上置换下来。后一种方法洗脱时，选择一种与待分离物质有较强亲和力的物质加入洗脱液，这种物质与配基竞争对待分离物质的结合，在适当的条件下，如这种物质与待分离物质的亲和力较强，待分离物质就会基本被这种物质结合而脱离配基，从而被洗脱下来。例如用染料作为配基分离脱氢酶时，可以选择 NAD^+ 进行洗脱，NAD^+ 是脱氢酶的辅酶，它与脱氢酶的亲和力要强于染料，所以脱氢酶就会与 NAD^+ 结合而从配基上脱离。特异性洗脱方法的优点是特异性强，从而得到较高的分辨率。另外对于待分离物质与配基亲和力很强的情况，使用非特异性洗脱方法需要较强烈的洗脱条件，很可能使蛋白质等生物大分子变性，有时甚至只能使待分离的生物大分子变性才能够洗脱下来，使用特异性洗脱则可以避免这种情况。由于亲和吸附达到平衡比较慢，所以特异性洗脱往往需要较长的时间，可以通过适当地改变其他条件，如选择亲和力强的物质洗脱，加大洗脱液浓度等，来减少洗脱时间和洗脱体积。

2. 非特异性洗脱

非特异性洗脱是指通过改变洗脱缓冲液 pH、离子强度、温度等条件，降低待分离物质与配基的亲和力而将待分离物质洗脱下来。当待分离物质与配基亲和力较小时，一般通过连续大体积平衡缓冲液冲洗，就可以在杂质之后将待分离物质洗脱下来，这种洗脱方式简单、条件温和，不会影响待分离物质的活性。但洗脱体积一般比较大，得到的待分离物质浓度较低。当待分离物质和配基结合较强时，可以通过选择适当的 pH、离子强度等条件降低待分离物质与配基的亲和力，具体的条件需要在实验中摸索。可以选择梯度洗脱方式将亲和力不同的物质分开。如果希望得到较高浓度的待分离物质，可以选择酸性或碱性洗脱液，或较高的离子强度一次快速洗脱，这样在较小的洗脱体积内就能将待分离物质洗脱出来。但选择洗脱液的 pH、离子强度时应注意尽量不影响待分离物质的活性，而且洗脱后应注意中和酸碱，透析去除离子，以免待分离物质丧失活性。对于待分离物质与配基结合非常牢固时，可以使用较强的酸、碱，或在洗脱液中加入脲、胍等变性剂，使蛋白质等待分离物质变性，而从配基上解离出来。然后再通过适当的方法使待分离物质恢复活性。

三、 亲和吸附剂的再生和保存

亲和吸附剂的再生是将使用过的亲和吸附剂通过适当的方法去除吸附的杂质，使亲和吸附剂恢复亲和吸附能力。一般情况下，使用过的亲和层析柱，用大量的洗脱液或较高浓度的盐溶液洗涤，再用平衡液重新平衡即可再次使用。但在一些情况下，尤其是当待分离样品组分比较复杂的时候，亲和吸附剂可能会产生较严重的不可逆吸附，使亲和吸附剂的吸附效率明显下降。这时需要使用一些比较强烈的处理手段，如使用高浓度的盐溶液、尿素等变性剂。亲和吸附剂的保存一般是加入 0.01% 的叠氮化钠，4℃下保存。也可以加入 0.5% 的醋酸洗必泰或 0.05% 的苯甲酸保存在 20% 乙醇中。应注意不要将亲和吸附剂冰冻。

项目五 亲和层析技术的应用

亲和层析具有高选择性、高分辨率和过程简单的特点，可在温和的条件下进行，活性物质的回收率高，对含量极少又不稳定的生物活性物质极为有效。亲和层析技术发展十分迅速，广泛应用于生物分子（如结合蛋白、酶、抑制剂、抗原、抗体、激素、激素受体、糖蛋白、核酸及多糖类等）及组织（如细胞、细胞器、病毒等）的分离和纯化。

一、 抗原或抗体的纯化

利用抗原、抗体之间高特异的亲和力而进行分离的方法又称为免疫亲和层析。亲和层析是一种吸附层析，抗原（或抗体）和相应的抗体（或抗原）发生特异性结合，而这种结合在一定的条件下又是可逆的。所以将抗原（或抗体）固相化后，就可以使存在于流动相中的相应抗体（或抗原）选择性地结合在固相载体上，达到分离提纯的目的。此法具有高效、快速、简便等优点。例如将抗原结合于亲和层析基质上，就可以从血清中分离其对应的抗体。在免疫亲和层析中使用的亲和配基称为免疫亲和配基。该配基既可以是抗原，也可以是抗体。现代杂交瘤技术已经可以大规模生产单克隆抗体，这为免疫亲和配基的生产和免疫亲和层析的应用创造了前提条件。相对于其他的亲和配基而言，免疫亲和配基专一性高，纯化效率高，只需一步操作就可以得到很高纯度的产品。一般而言，免疫亲和配基多为蛋白质，因此配基本身也容易被蛋白酶降解。

在蛋白质工程菌发酵液中所需蛋白质的浓度通常较低，用离子交换、凝胶过滤等方法都难以进行分离，而亲和层析则是一种非常有效的方法。将所需蛋白质作为抗原，经动物免疫后制备抗体，将抗体与适当基质耦联形成亲和吸附剂，就可以对发酵液中的所需蛋白质进行分离纯化。抗原、抗体间亲和力一般比较强，所以洗脱时是比较困难的，通常需要较强烈的洗脱条件。可以采取适当的方法如改变抗原、抗体种类或使用类似物等来降低二者的亲和力，以便于洗脱。

二、 糖蛋白分离

凝集素对多糖和糖蛋白有专一性，可用于分离多糖、各种糖蛋白、免疫球蛋白、血清蛋白甚至完整的细胞。用凝集素作为配基是分离糖蛋白的主要方法。如伴刀豆球蛋白 A 能结合含 $\alpha-D-$ 吡喃甘露糖苷或 $\alpha-D-$ 吡喃葡萄糖苷的糖蛋白，麦胚凝集素可特异性地与 $N-$ 乙酰氨基葡萄糖或 $N-$ 乙酰神经氨酸结合，可以用于红细胞膜凝集素受体等的分离。洗脱时只需用相应的单糖或类似物，就可将待分离的糖蛋白洗脱下来。如洗脱伴刀豆球蛋白 A 吸附的蛋白可以用 $\alpha-D-$ 甲基甘露糖苷或 $\alpha-D-$ 甲基葡萄糖苷进行梯度洗脱。同样，用适当的糖蛋白或单糖、多糖作为配体也可以分离各种凝集素。

三、 激酶、脱氢酶等的分离

核苷酸及其许多衍生物、各种维生素等是多种酶的辅酶或辅助因子，利用它们与对应酶的亲和力可以对多种酶类进行分离纯化。例如固定化的各种腺嘌呤核苷酸辅酶，包括 AMP、cAMP、ADP、ATP、CoA、NAD^+、$NADP^+$ 等应用很广泛，可以用于分离各种激酶和脱氢酶。

四、 病毒和细胞的分离

利用配体与病毒、细胞表面受体的相互作用，亲和层析也可以用于病毒和细胞的分离。利用凝集素、抗原、抗体等作为配体都可以用于细胞的分离。例如各种凝集素可以用于分离红细胞以及各种淋巴细胞，胰岛素可以用于分离脂肪细胞等。由于细胞体积大、非特异性吸附强，所以亲和层析时要注意选择合适的基质。Pharmacia 公司 Sepharose 6B 非特异性吸附小，适合用于细胞亲和层析。

亲和层析技术在其他方面也有广泛应用，例如金黄色葡萄球菌蛋白 A（Protein A）能够与免疫球蛋白 G（IgG）结合，可用于分离各种 IgG。组织纤维溶酶原激活剂（t-PA）是一种糖蛋白，具有激活溶酶原，促进血纤维蛋白溶解的作用，t-PA 可用纤维蛋白作为亲和配基进行分离。亚氨二乙酸（IDA）等螯合剂，能与 Ni^{2+}、Cu^{2+}、Zn^{2+}、Fe^{2+} 等作用，生成带有多个配位基的金属螯合物，可用于生物分子尤其是对重金属有较强亲和力的蛋白质的分离纯化，如 $Cu^{2+}-IDA$ 配体可用于分离含精氨酸的蛋白质等。

【思考题】

1. 简述亲和层析原理。
2. 选择配基的原则是什么？
3. 亲和层析用载体具备什么条件？
4. 亲和层析优缺点有哪些？

实训案例8　猪胰蛋白酶的制备及活性测定

一、实训目的

掌握亲和层析原理和方法，掌握猪胰蛋白酶的制备以及活性测定方法。

二、实训原理

猪胰蛋白酶的制备采用亲和层析法，用猪胰蛋白酶的天然抑制剂——鸡卵黏蛋白作为配基。首先从鸡卵清中分离鸡卵黏蛋白，并以此配基，耦联到琼脂糖凝胶（Sepharose－4B）上，制成鸡卵黏蛋白亲和吸附剂，然后通过亲和层析从猪胰脏的粗提液中纯化猪胰蛋白酶。鸡卵黏蛋白是一种特异性胰蛋白酶抑制剂，对猪和牛的胰蛋白酶有很强的抑制作用，但对胰凝乳蛋白酶无抑制作用。在 pH 7.6～8.0 内，猪或牛胰蛋白酶能牢固地吸附在鸡卵黏蛋白亲和吸附剂上，在 pH 2.5～3.0 的条件下，又能从鸡卵黏蛋白亲和吸附剂上洗脱下来。因此，采用鸡卵黏蛋白亲和吸附剂，可从猪胰脏的粗提液中，通过亲和层析直接获得高纯度的猪胰蛋白酶，比活可以达到（1.5～2.0）×10^4BAEE 单位/mg，相当于5次重结晶的胰蛋白酶的纯度，纯化效率可达到 10～20 倍以上。胰蛋白酶能催化水解蛋白质，它除了能水解碱性氨基酸的羧基与其他氨基酸所组成的肽键外，还能水解碱性氨基酸所组成的酯键。催化活性表现出高度的专一性。一般用人工合成的苯甲酰－L－精氨酸乙酯（简称 BAEE）为底物测定胰蛋白酶的活性。

三、实训材料

1. 设备

恒温水浴，紫外分光光度计，核酸蛋白质紫外检测仪，pH 计，组织捣碎机，离心机，循环水真空泵，层析柱（400mm×15mm，200mm×12mm），透析袋，尼龙网（200目），抽滤瓶，布氏漏斗（800mm），玻璃漏斗（G－3）。

2. 试剂

0.02mol/L 磷酸盐缓冲液；0.5mol/L NaOH；0.5mol/L HCl；1mol/L NaCl；2mol/L NaOH；0.2mol/L 碳酸钠缓冲液；56%（体积分数）1，4－二氧六环；10%三氯乙酸溶液；1mol/L NaOH；5mol/L NaOH；5mol/L HCl；5mol/L H_2SO_4；0.2mol/L NaH_2PO_4溶液；标准胰蛋白酶溶液。

3. 材料

鸡卵清，新鲜猪胰脏，琼脂糖凝胶（Sepharose – 4B），葡聚糖凝胶（Sephadex G – 25），DEAE – 纤维素（DE – 32）。

四、实训步骤

1. 鸡卵黏蛋白的制备

（1）鸡卵黏蛋白粗品的制备　取 30mL 鸡卵清，加入等体积的 10%，pH 1.15 的三氯乙酸溶液，这时出现大量白色沉淀，搅拌均匀后用 pH 计测定 pH，此时溶液的 pH 应当是 3.5，若 pH 偏离 ±0.2，则用 5mol/L NaOH 或 5mol/L HCl 回调到 pH（3.5±0.2）以内。由于提取液非常黏稠，在调 pH 时要严防局部过酸或过碱。pH 调好后，在室温下静置 4h 以上，待清蛋白完全沉淀后，以 3000r/min 离心 10min。弃去沉淀，上清液用滤纸过滤，除去上清液中的脂类物质及不溶物。收集滤液转移到一个 500mL 烧杯里。检查滤液的 pH 是否是 3.5，若不是，则要调回到 pH 3.5 的范围内。放置冰浴中冷却片刻，缓缓加 3 倍体积的预冷丙酮，用玻璃棒搅匀，并用塑料薄膜盖好防止丙酮挥发，在 4℃下放置 4h 以上。

待鸡卵黏蛋白完全沉淀后，小心倾出一部分上清液，剩余的部分沉淀液全部转移到 50mL 的离心杯里，盖上盖或者用塑料膜封好，以 3000r/min 离心 15min。弃去上清液，离心杯底部沉淀物放入真空干燥器内抽气，除去残留丙酮，然后用 20mL 蒸馏水溶解。若溶解后的溶液浑浊，可用滤纸除去不溶物。收集的滤液经 Sephadex G – 25 凝胶层析柱脱盐或者对蒸馏水透析除盐。

Sephadex G – 25 凝胶层析柱脱盐操作如下：称 15g Sephadex G – 25，用 0.02mol/L，pH 6.5 磷酸缓冲液 500mL 热溶胀 2h 或者在室温下溶胀 24h，脱气后装柱（600mm × 12mm）。柱床体积约为 60mL，用大约 2 倍床体积的 0.02mol/L，pH6.5 磷酸缓冲液平衡。流出液在核酸蛋白质检测仪上绘出稳定的基线或经紫外分光光度计测定光吸收，待 A_{280nm} 小于 0.02 时即可。取 20mL 鸡卵黏蛋白粗提取液上柱脱盐（上样量不得超过柱床体积的 1/3）。用 0.02mol/L，pH 6.5 磷酸缓冲液洗脱，收集第 Ⅰ 洗脱峰，这就得到鸡卵黏蛋白脱盐的粗提取液。

（2）鸡卵黏蛋白的纯化　将脱盐的鸡卵黏蛋白粗提取液经 DEAE – 纤维离子交换柱层析进一步分离纯化。称 10g DEAE – 纤维素粉（DE – 32），用 100mL 0.5mol/L NaOH – 0.5mol/L NaCl 溶液浸泡 20min，然后转移到布氏漏斗（内垫 200 目的尼龙网）中抽滤，用蒸馏水洗至中性（大约 pH 8.0），抽干后转移至烧杯中，用 100mL 0.5mol/L HCl 浸泡 20min，再转移到布氏漏斗内抽滤，用蒸馏水洗至中性（大约 pH 6.0），抽干后转移到烧杯中，用 100mL 0.02mol/L，pH6.5 磷酸缓冲液浸泡片刻，脱气后装柱（200mm × 12mm），用同样的缓冲液平衡。在核酸蛋白质检测仪上绘出稳定的基线或者经紫外分光光度计测定，A_{280nm} 小于 0.02 即可。

将已经脱盐的鸡卵黏蛋白粗提取液上柱吸附。以 0.02mol/L，pH6.5 磷酸缓冲液平衡，流出液在核酸蛋白质检测仪上绘出稳定的基线或者经紫外分光光度计上测定，A_{280nm} 小于 0.02 以后，改用含 0.3mol/L NaCl 的 0.02mol/L，pH 6.5 磷酸缓冲液洗脱。收集第Ⅲ洗脱峰。收集的体积一般在 35~45mL 为宜。

（3）鸡卵黏蛋白纯品的制备　将经 DEAE－纤维素离子交换柱层析分离的鸡卵黏蛋白溶液装入透析袋内对蒸馏水透析。间隔一段时间更换一次蒸馏水，直到用 1% $AgNO_3$ 检查无氯离子为止。

将透析液转移到烧杯内，取出 2mL 透析液测定鸡卵黏蛋白含量及其抑制活性，其余的透析液用 1mol/L HCl 调到 pH 4.0，然后加入 3 倍体积的预冷丙酮沉淀（此时应当出现大量的白色沉淀，否则就是溶液的 pH 不准确），盖上塑料膜，在 4℃下放置 4h 以上。待鸡卵黏蛋白析出后，倾出部分上清液，剩余的沉淀液装入 50mL 离心杯里，于 3000 r/min 离心 15min。弃去上清液，沉淀物真空干燥，干燥后的鸡卵黏蛋白为透明胶状物。一般可得到 0.2~0.5g/100mL 鸡卵清。

2. 亲和吸附剂的合成

（1）载体－Sepharose 4B 的活化　环氧氯丙烷活化法：将适量的 Sepharose 4B 于玻璃烧结漏斗 G－3 中抽干，称 8g（湿重）Sepharose 4B。用 100mL 0.5~1.0mol/L NaCl 溶液淋洗，用 100mL 蒸馏水淋洗、抽干，转移到 100mL 三角瓶内。然后加入 6.5mL 2mol/L NaOH、1.5mL 环氧氯丙烷、15mL 56% 1，4－二氧六环。在 40℃的恒温摇床中振摇活化 2h。然后将活化的 Sepharose 4B 转移至玻璃烧结漏斗中，用蒸馏水洗去未反应的残留试剂，再用 20mL 0.2mol/L，pH 9.5 Na_2CO_3 缓冲液洗涤。抽干后立即耦联。

溴化氰活化法：称 8g（湿重）Sepharose 4B，用 0.5~1.0mol/L NaCl 溶液洗，用蒸馏水洗，抽干后转移到 100mL 小烧杯内。以下的操作必须在通风橱里进行。加入 0.2mol/L Na_2CO_3，将装有 Sepharose 4B 的小烧杯放置在一个冰浴里（可用大培养皿装一定的冰代替），用电动磁力搅拌器缓缓搅拌，反应器内的温度保持在 5℃左右。戴上乳胶手套小心称 2g 溴化氰放入一个烧杯内，加入 5.0mL 乙腈使溴化氰完全溶解，取一只滴管向装有凝胶的烧杯内滴加溴化氰，另取一只滴管向反应烧杯内滴加 6mol/L NaOH，使反应液的 pH 保持在 10.5，直到溴化氰加完后继续反应 5min。停止反应，将凝胶转移到玻璃烧结漏斗内抽滤（在收集滤液的抽滤瓶内预先加入一定量的固体硫酸亚铁以破坏未反应的溴化氰），用 200mL 预冷的蒸馏水淋洗，再用 20mL 0.2mol/L，pH 9.5 Na_2CO_3 缓冲液洗。抽干后立即耦联。溴化氰活化使用过的器具都要经硫酸亚铁溶液处理。

（2）鸡卵黏蛋白的耦联　将活化好的 Sepharose 4B 装入 100mL 三角瓶内，用 10mL 0.2mol/L，pH 9.5 Na_2CO_3 缓冲液将鸡卵黏蛋白溶解，取出 0.1mL 溶液稀释 30 倍，用紫外分光光度计测定鸡卵黏蛋白的含量。剩余的溶液全都转移到三角瓶内与活化的 Sepharose 4B 耦联。把三角瓶放入 40℃恒温摇床振荡 24h 左右。如果是溴化氰活化的 Sepharose 4B，则要在 4℃振荡耦联 24h 左右。

准备好干净的玻璃烧结漏斗和抽滤瓶。耦联终止后，将 Sepharose 4B 转移到玻璃烧结漏斗中抽滤，收集滤液，量取体积。在紫外分光光度计上测定未被耦联的蛋白含量。用 100mL 0.5mol/L NaCl 溶液淋洗 Sepharose 4B，用 100mL 蒸馏水洗，50mL 亲和柱洗脱液淋洗，蒸馏水洗至中性（约 pH6.0）。然后转移到小烧杯内，用亲和柱平衡液（见试剂配制）浸泡约 15min，脱气后装柱。

3. 猪胰蛋白酶粗提取液的制备

（1）猪胰蛋白酶原的提取　称 30g 猪胰脏（已剥去脂肪和结缔组织），剪碎后装入组织捣碎机内，加入 150~200mL（以浸过捣碎机的刀片为准）预冷的乙酸酸化水。将猪胰脏捣碎（30s／次，间隔 30s，共 3 次）。然后把匀浆转移到 500mL 烧杯中，在 5~10℃ 提取 4h 以上。4 层纱布过滤。滤液用 2.5mol/L H_2SO_4 调至 pH 2.5~3.0，静置 2~4h。在静置期间要检查一下 pH，使 pH 始终保持在 2.5~3.0。然后离心或滤纸过滤，收集滤液待激活。

（2）胰蛋白酶原的激活　将胰蛋白酶原的粗提取液用 5mol/L NaOH 调节 pH 8.0，加入固体 $CaCl_2$ 使溶液 Ca^{2+} 的终浓度达到 0.1mol/L，取 2mL 胰蛋白酶粗提液测定激活前的蛋白含量及酶活性。然后加入大约 2mg 结晶胰蛋白酶，轻轻搅匀，在 4℃ 冰箱中激活 12~16h 或在室温下（20~25℃）激活 2~4h。在酶激活期间经常检测酶的活性，待酶的比活达到 800~1000 BAEE 单位/mg 时停止激活。用 2.5mol/L H_2SO_4 调至 pH 2.5~3.0，放置冰箱内备用。

4. 亲和层析分离纯化胰蛋白酶

（1）装柱　取一支层析柱（200mm×12mm），柱内先装入 1/4 体积的亲和柱平衡液，将脱气的亲和吸附剂轻轻搅匀，一次装入柱内，待其自然沉降，调好流速（2~4mL/10min）。用亲和柱平衡液平衡，流出液在核酸蛋白质检测仪上绘出稳定的基线或者经紫外分光光度计测定 A_{280nm} 值小于 0.02 即可。

（2）上样　将胰蛋白酶粗提取液用 5mol/L NaOH 调至 pH 8.0，过滤，取滤液上柱亲和层析。上样体积可根据酶粗提取液的比活来确定。

上柱后用亲和柱平衡液平衡，待流出液在核酸蛋白检测仪上绘出稳定的基线或者经紫外分光光度计测定 A_{280nm} 小于 0.02 以后，改用亲和柱洗脱液洗脱。收集第 Ⅱ 洗脱峰，测定酶蛋白含量及其活性。

经亲和层析获得的胰蛋白酶可以用两种方法进一步制成结晶或干粉。

盐析法：向胰蛋白酶溶液中加入 0.8 饱和度的 $(NH_4)_2SO_4$，静置数小时，待酶沉淀后，抽滤，沉淀用少量的水溶解，加入 1/4 体积 0.8mol/L，pH 8.0 硼酸缓冲液，精确调至 pH 8.0，放置冰箱内结晶。数日后在显微镜下观察到棒状的胰蛋白酶结晶，抽滤后干燥。该法需要有较多的酶液才能结晶，否则无法得到结晶品。

冷冻干燥法：将亲和层析获得的胰蛋白酶溶液装入透析袋内，在低温下（4℃）对蒸馏水透析，然后经冷冻干燥成干粉即可。该法适合少量的胰酶的制备。

使用过的亲和柱，亲和柱用平衡液平衡后可重复使用。也可将亲和吸附剂经蒸馏水洗净，加入 0.01% 叠氮钠于冰箱保存。

5. 胰蛋白酶的活性测定及鸡卵黏蛋白的抑制活性测定

测定胰蛋白酶活性时，酶的用量为 $5 \sim 10 \mu g$，具体加样量见表 8 - 3。加入胰酶后立即混匀开始扫描测定。测定胰蛋白酶活性的光吸收递增值在 $\Delta A_{253nm}/min$ 为 0.1 ± 0.02 最适宜。测定胰蛋白酶反应的时间为 $5 \sim 7min$。

具体加样量见表 8 - 3。

表 8 - 3　　　　　　　　　胰蛋白酶活性测定的加样顺序表

试剂	加样量
0.05mol/L pH7.8 Tris - HCl	1.5mL
1mmol/L BAEE 底物	1.5mL
自制胰蛋白酶	5μL
总体积	3.005mL

加入胰蛋白白酶后立即混匀开始扫描测定。鸡卵黏蛋白的抑制活性测定的操作步骤见表 8 - 4：

在测定鸡卵黏蛋白的抑制活性时，先在比色杯内加入 1.5mL 0.05mol/L pH 7.8 Tris - HCl，0.1mL 胰蛋白酶及 0.05mL 鸡卵黏蛋白，在室温下（最好在25℃）放置 2min，使胰蛋白酶和鸡卵黏蛋白充分结合，然后加入 1.5mL 的 BAEE 底物，混匀后立即测定其活性。测定胰蛋白酶活性的光吸收递增值在 $\triangle A_{253nm}/min$ 0.1 ±0.02 最适宜。测定鸡卵黏蛋白的抑制活性的光密度递增值在 $\triangle A_{253nm}/min$ 0.05 ±0.01 最适宜，鸡卵黏蛋白的抑制活性测定时间为 10 ~ 20min，测定鸡卵黏蛋白的抑制活性是胰蛋白酶的 2 ~ 3 倍时间或许更长。

表 8 - 4　　　　　　　　　鸡卵黏蛋白的抑制活性测定的加样顺序表

试剂	空白	加样量
0.05mol/L pH7.8 Tris - HCl	1.5mL	1.5mL
1mg/mL 标准胰蛋白酶	—	60μL
0.1mg/mL 鸡卵黏蛋白	—	5μL
1mmol/L BAEE 底物	1.5mL	1.5mL
总体积	3.0mL	3.065mL

五、讨论

在鸡卵黏蛋白的制备过程中，最重要的环节是控制好溶液的 pH，这是关系到实验成败的关键问题。鸡卵黏蛋白是一种性质较稳定的糖蛋白，它在 10%，pH 3.5 的三氯乙酸溶液中有很好的溶解度，只有小量的（约5%）沉淀，而鸡卵清蛋白则会产生大量（约95%）的沉淀，因此，只要将提取液的 pH 严格控制在 3.5，就可以将鸡卵黏蛋白和鸡卵清蛋白基本分开，而且鸡卵黏蛋白的产率也比较高。经 10% 三氯乙酸提取鸡卵黏蛋白的上清及 DEAE – 纤维素离子交换后的透析液都要用丙酮沉淀鸡卵黏蛋白。在加丙酮之前，一定要先将溶液的 pH 精确调至所规定的范围，否则加入丙酮后不会出现沉淀或者只出现极少的沉淀。

胰蛋白酶在胰脏内是以酶原的形式存在的。在碱性、Ca^{2+} 存在的条件下，酶原可以自身激活。激活的胰蛋白酶在酸性环境（pH3.0~5.0）中稳定，当溶液大于 pH 5.0 时酶易自溶，小于 pH 2.0 时易变性。胰蛋白酶是碱性蛋白，在酸性溶液中具有一定的缓冲作用。因此，胰蛋白酶的乙酸提取液及用硫酸酸化时溶液的 pH 容易上升，往往要调几次才能使 pH 稳定。酸化时要等到酸性蛋白完全析出后才能过滤，否则滤液将是浑浊的。溶液的 pH 和温度是影响胰蛋白酶原激活的重要因素，8.0 是激活的最佳 pH，比 pH 7.0~7.6 激活速度快 5~10 倍；25~30℃ 是激活的最适温度，比 1~5℃ 激活速度快 6~7 倍。

模块八

膜分离技术

　　膜分离技术是指用天然或人工合成的具有选择透过性的膜，对双组分或多组分的溶质进行分离、提纯和浓缩的技术。膜分离技术具有节能、高效、简单、造价低、无相变，可在常温下连续操作等优点，而且特别适合热敏性物质的处理。透析是利用选择性半透膜将混合液中各组分根据分子大小和浓度的差异进行分离的操作方法，多用于脱盐和后期的结晶过程。超滤是利用外压作用使分子质量较小的溶质通过薄膜，而大分子被截留于膜表面的过程，但大分子物质易逐渐形成浓度梯度，发生浓差极化现象。

项目一　膜分离技术概述

　　膜分离技术广泛应用于生物分离、浓缩、提纯及水净化等。操作在常温下进行，特别适用于热敏性物质的分离；分离过程中不发生相变，挥发性物质损失少；选择性好、应用范围广、设备简单、易于操作、可连续进行、效率较高。

一、常用的膜分离技术分类

（一）透析

透析也称渗析，是最早被发现和研究的膜现象。它是根据筛分和吸附扩散原理，主要利用膜两侧的浓度差使小分子溶质通过微孔膜进行交换，而大分子被截留的过程。透析主要用于从大分子溶液中分离小分子组分。

（二）超滤

超滤是利用筛分原理以压力差为推动力的膜分离过程。在一定的压力（100～1000kPa）条件下，溶剂或小分子质量的物质透过孔径为 1～20μm 的微孔膜，而直径在 5～100nm 大分子物质或微细颗粒被截留。超滤主要用于浓缩、大分子溶液的纯化等。

和超滤原理相同，微滤是在给定压力（50～100）kPa 条件下，溶剂、盐类能透过孔径为 0.1～20μm 的微孔膜，直径大于 50nm 的微细颗粒和超大分子物质被截留，从而使溶液或水得到净化。微滤技术主要用于悬浮物分离、制药行业的无菌过滤等。

（三）反渗透

反渗透主要是根据溶液吸附扩散原理，以压力差为主要推动力的膜过程。在浓溶液一侧施加压力（1000～10000kPa），当此压力大于溶液的渗透压时，就会迫使浓溶液中的溶剂反向透过孔径为 0.1～1nm 的非对称膜流向稀溶液一侧，这一过程称为反渗透。反渗透过程主要用于低分子质量组分的浓缩、水溶液中溶解的盐类的脱除等。

（四）纳滤

纳滤是膜分离技术的一个新兴领域，纳滤膜是 20 世纪 80 年代末期问世的一种新型分离膜，其截留相对分子质量为 200～2000，由此推测纳滤膜可能拥有 1nm 左右的微孔结构，故称之为"纳滤"。纳滤膜能截留易透过超滤膜的那部分溶质，同时又可使被反渗透膜所截留的盐透过，具有热稳定性、耐酸、碱等优良性能，所以在工业领域有着广泛应用前景。

（五）电渗析

电渗析是电化学过程和渗析扩散过程的结合。在外加直流电场的驱动下，利用离子交换膜的选择透过性（即阳离子可以透过阳离子交换膜，阴离子可以透过阴离子交换膜），阴、阳离子分别向阳极和阴极移动。离子迁移过程中，若膜的固定电荷与离子的电荷相反，则离子可以通过；如果它们的电荷相同，则离子被排斥，从而实现溶液淡化、浓缩、精制或纯化等目的。

二、 膜的分类与性能

膜是指分隔两相界面的一个具有选择透过性的屏障，它以特定的形式限制和传递各种化学物质。它可以是均相的或非均相的；对称型的或非对称型的；中性的或荷电性的。一般膜很薄，其厚度可以从几微米（甚至 $0.1\mu m$）到几毫米。

（一）膜的分类

膜由高分子、金属、陶瓷等材料制造，以高分子材料居多。目前工业应用的多为固膜，固膜主要以高分子合成膜为主。高分子膜可制成致密的或多孔的、对称的或不对称的。

根据膜中高分子的排布状态及膜的结构紧密疏松的程度又可分为多孔膜与致密膜。多孔膜是指结构较疏松的膜，膜中的高分子绝大多数是以聚集的胶束存在和排布。大多数的超滤膜可认为是多孔膜。致密膜一般指结构紧密的膜。通常市售的玻璃纸可以认为是致密膜。

固膜按结构可分为对称膜及非对称膜两大类。在观测膜的横断面时，若整个断面的形态结构是均一的，则为对称膜，如大多数的微孔滤膜。若断面的形态呈不同的层次结构，则为不对称膜。对称膜又称均质膜，物质在膜中各处的渗透率是相同的。

非对称膜可分为一般非对称膜（又称整体不对称膜，膜的表层与底层为同一种材料）和复合膜（又称组合不对称膜，膜的表层与底层为不同材料）两大类。目前，工业分离过程中实用的膜具有精密的非对称结构。非对称膜具有高传质速率和良好的机械强度。它有很薄、较致密的、起分离作用的表层（$0.1\sim1\mu m$）和起机械支撑作用的多孔支撑层（$100\sim200\mu m$），如图 9-1 所示。这非常薄的表层为活性膜，其孔径和表层的性质决定分离特性，而厚度主要决定传递速度。多孔的支撑层只起支撑作用，对分离特性和传递速度影响很小。

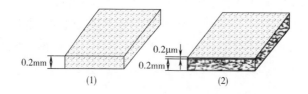

图 9-1　对称膜（1）和非对称膜（2）的示意图

非对称膜除了高透过速度外，还有另一优点，即被脱除的物质大都在其表面，易于清除，如图 9-2 所示。复合膜的性能不仅取决于有选择性的表面薄层，而且

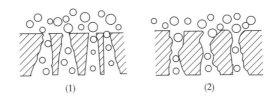

图 9-2 非对称膜（1）和对称膜（2）的过滤性能

受微孔支撑结构、孔径、孔分布和多孔隙率的影响。多孔膜孔隙率越高越好，可使膜表层与支撑层接触部分最小，而有利于物质传递。复合膜常用聚砜作为多孔支撑，因为其化学性能稳定，机械性能良好。其他支撑材料有聚丙烯腈、石英玻璃和硅酸盐类物质等。无机膜渗透率高，且可耐高温。

近年来，无机膜材料发展迅猛并进入工业应用，尤其是在微滤、超滤及膜催化反应中的应用，充分展示了其化学性质稳定、耐高温、机械强度高等优点。金属膜、陶瓷膜、多孔玻璃膜、分子筛膜等都是无机膜。无机膜耐生物降解，有较宽的 pH 适用范围。但其制造困难、价格昂贵。

（二）膜的性能

膜的性能通常包括分离、透过特性、物理化学稳定性及经济性；膜的物理化学稳定性主要取决于构成膜的材料，主要是指膜的抗氧化性、抗水解性、耐热性和机械强度等。

1. 膜的分离、透过特性

膜的分离能力主要取决于膜材料的化学特性和膜的形态结构，还与膜分离过程的操作条件有关。膜必须对被分离的混合物具有选择透过（即具有分离）能力。膜的分离能力要适度。对于任何一种膜分离过程，总希望分离效率高，渗透通量大，实际上这两者之间往往存在矛盾。渗透通量大的膜，分离效率低；而分离率高的膜，渗透通量小。

分离膜的选择透过性能是它处理能力的主要标志，同时也是分离膜的基本条件。一般而言，希望在达到所需要的分离率之后，分离膜的透过性能越大越好。膜透过性能随膜分离过程的势位差（压力差、浓度差、电位差等）变大而增加。

2. 膜的物理、化学稳定性

分离膜的物理、化学稳定性主要是由膜材料的化学特性决定的，它包括耐热性、耐酸碱性、抗氧化性、抗微生物分解性、表面性质（荷电性或表面吸附性等）、亲水性、疏水性、电性能、毒性、机械强度等。

另外，分离膜的价格不能太贵。分离膜的价格取决于膜材料和制造工艺两个方面。任何一种膜，不论它是多孔的还是致密的，活性分离皮层内部不允许有可使被分离物质形成短路的大孔径（缺陷）的存在，它们的存在将会使整个分离膜的分离性能大大降低。因此，具有适度的分离率，较好的物理、化学稳定性和便宜的价格是分离膜最基本的条件。

（三）膜的保养

1. 膜的污染

膜组件性能发生变化的现象称为膜的污染或劣化。在膜的应用过程中，膜的污染和劣化将导致膜不能充分发挥作用。膜污染分为内部污染和外部污染两大类。内部污染是由微粒在膜孔内的沉积和吸附引起的，而外部污染是由膜表面上沉积层的形成而引起的。膜污染的成因又可分为：浓差极化；溶质或微粒的吸附；孔收缩和孔堵塞；溶质或微粒在膜表面的沉积。可根据其具体成因采用相应的清洗方法使膜性能得以恢复。

2. 膜污染防治方法

防治膜组件性能变化的最简单的方法是预处理法，经常通过调整料液 pH 或加入抗氧剂等防止膜的化学性劣化，通过预先除去或杀死料液中的微生物等防止膜的生物性劣化。不同的膜过程，采用的预处理方法不尽相同。例如，反渗透海水淡化过程采用絮凝沉降、砂滤等预处理方法，预先除去料液中的悬浮物质或溶解性高分子物质。

在膜分离过程设计中，预先选择料液操作流速和膜渗透通量是确定最佳操作条件的关键。此外，还可以通过设计不同形状的组件结构来促进流体的湍流流动，改善膜面附近的物质传递条件。

膜的清洗方法可大致分成物理清洗和化学清洗两大类型。一般采用物理方法直接清洗，可连续或间歇操作，特别是当料液形成附着层的组分浓度较高时更为有效。另外，可以采用处理料液间歇的瞬间，突然灌冲膜组件内部，借用此时产生的剪切力清洗膜表面的附着层。化学清洗方法通常因膜表面附着层性质的不同而采用不同的方法。

项目二　透析技术

当把一张半透膜置于两种溶液之间时，将会出现双方溶液中的大分子不能透过半透膜，小分子溶质（包括溶剂）透过半透膜而相互交换的现象，即透析。长期以来，透析技术作为蛋白质溶液等的处理手段已被广泛用于去除混入溶液的小分子杂质（主要是盐类）或调节溶液离子组成等方面。对少量蛋白质溶液的处理来说，由于透析不需要像超滤那样的特殊器件和装置，特别是由于浓差极化的原因造成超滤困难，这种情况下采取透析方法更为合适。

透析法常用于分离分子质量差别较大的物质，即将相对分子质量 1×10^3 以上的大分子物质与相对分子质量在 1×10^3 以下的小分子物质分离。透析法一般在常压下依靠小分子物质的扩散运动来完成的，多用于去除大分子溶液中的小分子物质，称为脱盐；也常用来对溶液中小分子成分进行缓慢的改变，即透析平衡，如透析结晶等。

一、 透析原理

透析原理如图 9-3 所示，中间以膜（虚线）相隔，透析膜两边都是液体：一

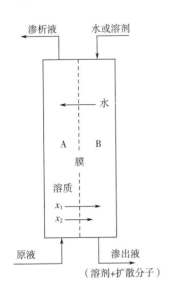

图 9-3　透析原理示意图

边是原液，主要成分是生物大分子，称为保留液；另一边是"纯净"溶剂，即水或溶剂，是供经薄膜扩散出来的小分子物质停留的空间场所，或是平衡小分子物质的"仓库"，透析完成后弃去，称为渗出液。透析就是借助这种扩散速度的差，使 A 侧二组分以上的溶质得以分离。

这里用的透析膜是根据溶质分子的大小和化学性质的不同而具有不同透过速度的选择性透过膜。可以作透析膜的材料很多，如禽类嗉囊、兽类的膀胱、羊皮纸、玻璃纸、硝化纤维薄膜等。人工透析膜多以纤维素的衍生物为材料。透析膜应具有以下特点。

（1）在使用的溶剂介质中能形成具有一定孔径的分子筛样薄膜。由于介质一般为水，所以膜材料应具有亲水性，只允许小分子溶质通过。

（2）在化学上呈惰性，不具有与溶质、溶剂起作用的基团。在分离介质中能抵抗盐、稀酸、稀碱或某些有机溶剂，而不发生化学变化或溶解现象。

（3）有良好的物理性能，包括一定的强度和柔韧性，不易破裂，有良好的再生性能，便于多次重复使用。

透析膜早期以醋酸纤维素为材料。这种材料价格低、成膜性能好，至今仍有重要用途。非醋酸纤维素透析膜材料有聚砜、聚丙烯腈、聚碳酸酯、聚氯乙烯、芳香聚酰胺、聚酰亚胺、聚四氟乙烯、聚偏氟乙烯等。表 9-1 是 Union Carbide 几种型号透析管的渗透范围。

商品透析膜常涂甘油以防破裂，并含有极其微量的硫化物、重金属杂质。它们对蛋白质和其他生物活性物质有害，用前必须除去。建议先用 50% 乙醇慢慢煮沸 1h，再分别用 50% 乙醇、0.01mol/L 碳酸氢钠溶液、0.001mol/L EDTA 溶液依次洗涤，最后用蒸馏水浸洗 3 次，基本可除杂质。已处理好的膜如果不用，可贮存于 4℃ 蒸馏水中，如需长期贮存，可洗净后置入 30% 甘油中，或加少量叠氮化钠、三氯甲烷以防细菌侵蚀。再用时需用蒸馏水充分漂洗。然后灌入溶剂，仔细检查，

不漏即可用。

表 9 – 1 **Union Carbide 几种型号透析管的渗透范围**

型号	近似膨胀直径（湿）/cm	可透过的相对分子质量	不能透过的相对分子质量
8 透析管	0.62	5732	20000
18 透析管	1.40	3300	5732
20 透析管	1.55	30000	45000
27 透析管	2.10	5732	20000

二、 透析装置

透析方法较简单，可将已处理及检查过的透析袋用棉线或尼龙丝扎紧底端，然后将待透析液（1~100mL）从管口倒入袋内。但不能装满，常留约一半的空间，以防膜外溶剂大量渗入膜内时将袋胀裂，或因透析袋膨胀，而引起膜孔径的大小发生改变。装透析液后，即紧扎袋口，悬于装有大量纯净溶剂（水或缓冲液）的大容器内（量筒或玻璃缸），如图 9 – 4 所示。实验室小型透析装置常加上搅拌装置并定期（或连续）更换新鲜溶剂，这样可大大提高透析效果。

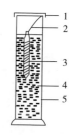

图 9 – 4 透析袋透析的简单装置
1—玻璃皿 2—棉线 3—透析袋
4—缓冲液 5—量筒

1. 旋转透析器

在透析容器下安装电磁搅拌器只能消除膜外溶剂的浓度梯度，而不能消除膜内溶液的浓度差。旋转透析器可使膜内外两侧液体同时流动，使透析速度大大增加，如图 9 – 5 所示。这种简单装置可放多个透析袋，透析速度比图 9 – 4 示意的装置快 2~3 倍。圆筒形透析管使用虽然较方便，孔径易控制，但透析面积较小。用塑料框把透析管张开成为很薄的平面透析管，然后把它的两端连接到转动装置上，效率比管状旋转透析有所提高。

2. 连续透析器

上述装置在膜内外的透析物质达到平衡后必须更换新鲜溶剂，比较麻烦。连续透析器如图 9 – 6 所示，用一根很长的粗棉线绕在两端扎紧的长透析管上，棉线缠绕的螺距应适当，以保证透析液有一定流速，溶剂沿棉线自上而下流动把透析管中扩散出的小分子不断移去，透析效率较高。

连续透析装置有多种，其原理都是使溶剂更新以加大膜内外的浓度差，提高透析速度。此类装置除用于分离、浓缩外，还可用于酶促连续反应。天冬氨酸的酶促合成时，用连续透析法使酶和底物溶液分别缓慢流入用半透膜隔开的压滤机形式的连续透析器中进行反应，可提高酶的利用率，避免渗入杂质，天冬氨酸转化率达90%以上。为了提高透析效率，增加样品处理量，反流连续透析器、减压透析器、中空纤维透析器等新型透析装置也相继研制并成功用于生产实践。

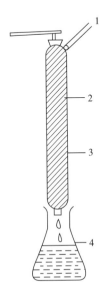

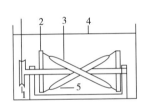

图 9 – 5　旋转透析器简图
1—转轮　2—木轮　3—透析袋　4—缓冲液
5—玻璃珠

图 9 – 6　连续透析器示意图
1—溶剂　2—透析袋　3—粗棉线
4—三角瓶

项目三　超滤技术

1861 年，Schmidt 首次用牛心胞膜截留可溶性阿拉伯胶的超滤实验成功；随后，不同孔径的不对称醋酸纤维素超滤膜品种问世。1985 年，中国研制成功聚砜中空纤维式超滤膜和组器。随后，一批耐高温、耐腐蚀、抗污染能力强、截留性能好的膜材料相继研制成功，如醋酸纤维素膜、聚砜膜、聚丙烯腈膜、聚氟乙烯膜、聚氯乙烯膜、聚醚砜膜、聚砜酰胺膜等，截留相对分子质量从几千到十几万。板式、管式、中空纤维、卷式、膜盒式等超滤组件也相继面世，并迅速投入使用。超滤技术从 20 世纪 80 年代进入快速发展阶段。超滤具有设备简单、无需加热、占地面积小、能量消耗低等明显优点。

一、超滤基本原理

超滤是一种筛孔分离过程，如图 9 - 7 所示，在静压差推动力的作用下，原料液中溶剂和小溶质粒子从高压料液侧透过膜流到低压侧，一般称之为滤出液或透过液，而大粒子组分被膜所阻拦，使它们在滤剩液中浓度增大。超滤对去除水中的微粒、胶体、细菌、热原和各种有机物有较好的效果，但它几乎不能截留无机离子。

超滤是在外压作用下进行的。外源压力迫使分子质量较小的溶质通过薄膜，而大分子被截留于膜表面，会逐渐形成浓度梯度，发生浓差极化现象（图 9 - 8）。越接近膜，大分子的浓度越高，构成一定的凝胶薄层或沉积层。浓差极化现象不但引起流速下降同时影响到膜的透过选择性。在超滤开始时，透过单位薄膜面积的流量因膜两侧压力差的增高而增大。由于沉积层也随之增厚，沉积层达到一个临界值时，滤速不再增加，甚至反而下降。这个沉积层，又称边界层，其阻力往往超过膜本身的阻力，好像在超滤膜上又附加了一层"次级膜"。对于各向同性膜，大分子的堆积常造成堵塞而完全丧失透过

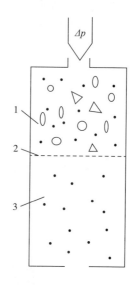

图 9 - 7　超滤过程原理示意图
1—料液　2—膜　3—透过液

能力。所以在进行超滤装置设计时，克服浓差极化，提高透过选择性和流速，是必须考虑的重要因素。

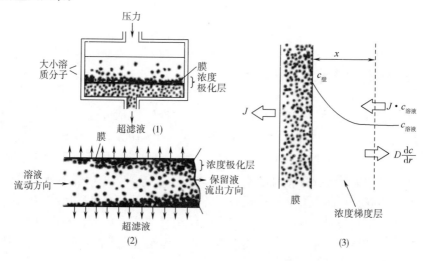

图 9 - 8　超滤过程的浓差极化现象示意图

克服极化的主要措施有振动、搅拌、错流、切流等技术，但应注意过于激烈的措施易使蛋白质等生物大分子变性失活。此外，将某种水解酶类固定于膜上，能降解造成极化现象的大分子，提高流速。不过这种措施只适用于一些特殊情况。

二、超滤装置

（一）实验用超滤器

实验用超滤器分为无搅拌式、搅拌或振动式装置等。无搅拌式装置结构简单、浓差极化严重、滤速慢，常需较大压力。因此只适用于浓缩少量稀溶液。搅拌或振动式装置内装有磁力搅拌棒或振动装置，用以加快膜面大分子的扩散作用，保持流速。单位时间内透过液体量与有效膜面积成正比，工作压力为 3~5 个大气压（1 个标准大气压 = 101.3kPa）。

小棒超滤器也是较常用的一种超滤装置。棒心为多孔高聚物支持物，外裹某种规格的超滤膜。使用时将其插入待分离试液，开动连接棒的真空系统即可进行超滤，也可安装搅拌器。小棒超滤器主要用于实验室中处理少量浓度较稀的大分子样液，可以同时处理多个试样。

（二）工业用超滤装置

工业用超滤设备要求强度较高，且多为连续操作，因此要具有尽可能大的有效过滤面积；为膜提供可靠的支撑装置；尽可能清除或减弱浓差极化现象。目前工业上使用较多的超滤膜装置，一般由若干超滤组件构成。超滤膜组件从结构单元上可分为板式膜组件和管状膜组件两大类。

在实际使用中，究竟采用哪种组件形式，一般要由膜材料和被处理液的性能而定。超滤处理的对象大多是含有水溶性高分子、有机胶体、多糖类及微生物等的液体，这些物质极易黏附和沉积在膜表面上，并造成严重的浓差极化和堵塞。所以常需大幅度提高原料液的线速度从而最大限度地减少由于极化或沉积所导致的不利影响。此外，还常采用湍流促进器（螺旋导流板、网栅等）来改善浓差极化以提高超滤组件的水通量。

1. 板式膜组件

板式装置的基本元件是过滤板，它是在一多孔筛板或微孔板的两面各粘一张薄膜组成基本单元。多单元组合过滤板有矩形或圆形。近年来国内外研制了全封闭的组合超滤膜，它重量轻、过滤面积大，与相应的超滤器配合使用，适用于处理 10L 级的样品溶液。如果使用得当，膜的寿命可达数千小时。

2. 平行叶片式膜组件

该类组件见图 9-9。两片平行膜，将其三边密封起来，然后将形成的膜套支撑在板状的多孔材料上。几个这种膜套（或称叶片）平行地连接在同一个头上形成一个组合单元。加料液纵向流经这个单元并与膜套平行。这种类型的超滤器通常是由一个玻璃纤维增强外壳所组成，其中能放 3 个可置换的组合单元。

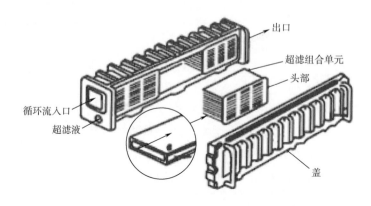

图 9 - 9　平行叶片式超滤膜组件

3. 管式膜组件

管式装置的型式很多。管的流通方式有单管（管径一般为 25mm）及管束（管径一般为 15mm）。液流方式有管内流式和管外流式。管的形式有直通管式和狭沟管式。由于单管和管外流式液体的湍流情况不好，一般采用管内流管束式装置。

管是膜的支撑体，有微孔和钻孔两种。微孔管采用微孔环氧玻璃钢管或玻璃纤维环氧树脂增强管。钻孔管采用增强塑料管、不锈钢管或铜管，人工钻孔或用激光打孔（孔径约 1.5mm）。将管状膜用尼龙布（或滤纸）仔细包好装入管内（称为间接膜），也可直接在管内浇膜（称为直接膜）。管口的密封很重要，如有渗漏将直接影响其工作质量。

管式超滤器装置结构简单、适应性强、压力损失小、透过量大、清洗和安装方便，并能耐高压，适宜处理高黏度及稠厚液体物料。图 9 - 10 所示的是由美国罗米康（Romicon）公司首创的薄层流道超滤组件，是一种内压管式膜组件。它是在一根管内安有一支八角形的芯棒，在芯棒的周边刻有深度为 0.38mm 或 0.76mm 的沟槽。超滤膜被刮制在该芯棒的周围。膜的外部编织有支撑网套（也称耐压支撑体）。原料液在此沟槽与膜之间的狭窄流道内通过，因此被命名为"薄层流道"。透过液从支撑网套的外部渗出。60 根管组成一只组件，组件直径为 150mm，长度为 1090mm，总面积为 1.3m²。其主要优点是在低流量下可达到高线速和大通量。

4. 螺旋卷式膜组件

螺旋卷式装置的主要元件是螺旋卷，它的制法是将膜、支撑材料、膜间材料依次叠好，围绕一中心管卷紧，即成一个膜组。料液在膜表面通过间隔材料沿轴向流动，而透过液则在螺旋卷中顺螺旋形向中心管流出。将第一个膜组与第二个膜组顺序连接装入压力容器中，即构成一个装置单元（图 9 - 11）。

螺旋卷式的特点是螺旋卷中所包含的膜面积很大，湍流情况良好，耐压强度

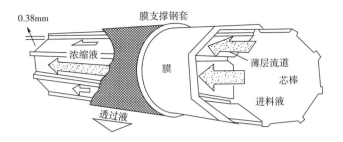

图 9 – 10　薄层流道超滤组件

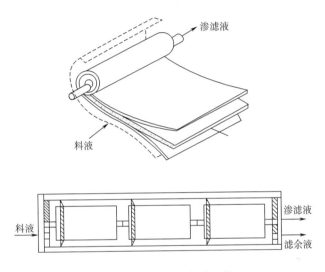

图 9 – 11　螺旋卷式膜组件

大，适用于反渗透。缺点是膜两侧的液体阻力都较大，膜与膜边缘的粘接要求高，制造、装配要求也高，清洗、检修不便等。

5. 中空纤维超滤器

该超滤器的过滤介质是具有与超滤膜类似结构的中空纤维丝，每根纤维即为一个微型管状超滤膜。"内流型"纤维丝横切面内壁的表层细密，向外逐渐疏松，为各向异性膜管结构。中空纤维的内径一般为 0.2mm，滤速很高，故适合在工业中使用。中空纤维是用制膜材料制成的空心丝。由于中空纤维很细，它能承受很高压力而无需任何支撑物，故设备结构大大简化。中空纤维过滤器有内流和外流之分。

外流型中空纤维过滤器是用环氧树脂将许多中空纤维丝的两端胶合在一起，形似管板，装入一管壳中。料液从一端经分布管流入，在纤维丝外流动，透过液自纤维丝中流出并从管板一端排出。高压料液在丝外流动有很多特点，如纤维丝承受向内的压力比承受向外压力的能力要大得多，而且即使纤维强度不够时，纤维丝只能被压扁直至中空部分被堵塞，而不会破裂。这就能防止因膜的破裂而使料液进入透过液中。当发生污染甚至流道堵塞时，对这样细的管子进行管内清洗是很困难的，而在管外清洗是颇为方便的。用于超过滤的中空纤维过滤器因其操作压力不高，所以也有采用将料液流经管内（内流型）的操作装置。

中空纤维有细丝型和粗丝型两种。细丝型适用于黏性低的溶液，粗丝型可用于黏性较高和带有微小颗粒的料液。中空纤维的缺点是不能处理胶体溶液，但如采用带有自动反洗装置的外流式过滤器，则对胶体溶液也能比较容易地处理。采用自动反洗操作可使浓差极化减到最低限度，膜表面几乎不需要定期冲洗，维护大为简化。

不论何种型式的膜装置，都必须将料液预先处理，除去其中的颗粒悬浮物、胶体和某些杂质，这对延长膜的使用寿命和防止膜孔堵塞都是非常重要的。对料液的预处理还应包括调节适当的 pH 和温度。对需进行的料液，循环料液温度会逐渐升高，故需设置冷却器加以冷却。

近年来新型膜组件不断面世，主要有旋转式膜组件和振动式膜组件两大类。前者以使膜旋转的方法达到改善膜表面的浓差极化，进而减轻膜污染的目的，而后者则以扭力摆动的方式振动膜组件，以达到提高膜通量和减少膜污染的目的。

三、 影响超滤的因素

影响超滤的因素包括溶质分子特性、膜的性质以及膜装置类型和操作条件等。

（一）溶质分子性质

溶质分子性质包括溶质分子大小、形状和带电性质。一般相对密度大的纤维状分子扩散性差，对流率影响较大。在一定压力下浓缩到一定程度时，大溶质分子很容易在膜的表面达到极限浓度而形成半固体状的凝胶层，随着凝胶层的不断增厚，原先能透过膜的小分子溶质和溶剂也受阻碍，流率越来越慢，直至降到最低点。反之，相对密度较小的球形分子较易扩散，在一定压力下虽也形成浓度梯度，但不易形成凝胶层，且随着压力的增加，流率也有相应提高。在一定压力下，稀溶液比浓溶液流率高得多，一般稀溶液浓缩至一定浓度时流率才逐渐下降。用补充溶剂来稀释的办法，可以减少浓差极化，增高流率，但延长了过滤时间。

（二）超滤膜的性质

超滤膜的性质主要是指膜的孔径、结构及吸附性质。超滤膜的孔径大小是过滤选择性的关键因素。在保证分辨率的前提下，使用孔径大的滤膜有利于提高过滤效率。膜结构对超滤分离影响也较大。各向异性膜不易被分子大小与孔径相当的溶质颗粒所堵塞，因而便于提高分辨率和流速。

此外，由于各种膜的化学组成不同，对各种溶质分子的吸附情况也不相同。使用膜时，应尽量选择吸附溶质少的。如某些缓冲液会增加膜对溶质的吸附，就应改用其他缓冲液。例如磷酸盐缓冲液常会增加膜的吸附作用，改用三羟甲基氨基甲烷（Tris）缓冲液或琥珀酸缓冲液，则可减少溶质的损失和保证超滤时滤液的正常流速。

（三）超滤装置和操作条件

超滤装置和操作条件包括膜或组合膜的构造、超滤器的结构以及操作压力、搅拌情况和液体物料的温度、黏度、pH、离子强度等因素。还须考虑有效过滤面积、防止极化的措施、操作压力和压力损失等。

对于具有高度扩散性的溶质分子和较稀的溶液，增压能增加流率。但增压也常加速浓度极化，故开始增压时流率增加较快，当压力增至一定程度时，流率增加便减慢，二者并不成比例。对于易生成凝胶的溶质，一旦形成凝胶层，增压对流率就不再起作用。因此，对不同溶质，应选择不同的操作压力。

搅拌可以破坏溶质在膜表面形成的浓度梯度，即加快溶质分子的扩散，减少浓度极化，从而提高流率。如同时增压，则流率大大提高。对于易形成凝胶层的溶质，效果更为显著。对搅拌产生的切力较敏感的大分子（如酶和核酸），必须注意控制搅拌速度，以免破坏它们的活性。振荡也是消除极化的手段，但使物料流动形成湍流或切流来消除极化更好。

升高温度通常可以降低溶液黏度及减少凝胶的形成。温度升高，溶质溶解度通常也增加，故升温可提高流率。因温度过高易使活性大分子失活，所以考虑升温提高流率时，对不同的溶质需严格地区别对待。

总之，凡能增加溶质溶解度、降低膜吸附或减少溶质形成凝胶倾向等因素，都能增加超滤的流率。

四、超滤技术的应用

超滤多用于过滤蛋白质、核酸、多糖等生物大分子溶液。一般操作压力在0.05~0.5MPa。一般超滤装置的产品说明书中都注明操作压、消毒条件、流量等参数，使用前必须全面了解，才能正确操作。超滤膜一般不能干燥和受污染。新购的超滤膜都是密封包装的，使用前须按说明书检查是否破损，然后进行净化处理。超滤器用前必须洗净，按说明装好滤膜后还须检验是否有短路泄漏。如超滤器不大，滤膜又耐热，可进行高温灭菌。如滤器或滤膜不耐热，则应选用化学药物灭菌，如加入5%的甲醛、70%的乙醇、环氧乙烷（浓度<20%）、5%的过氧化氢、0.1%的过氧乙酸等。通常先用水分数次在运转状态下洗涤超滤膜组件，直至将保养液充分去除干净。超滤接近完成时，须向保留液（大分子溶液）中加一定量的水，重复超滤2次（或多次），以脱去更多的小分子物质盐或提高小分子目的物的回收率。

超滤完成后，超滤装置须充分洗涤，再选用适当的溶液进一步对膜进行净化。

常用的有稀盐水、稀酸、碱、稀氧化剂（万分之二以下的次氯酸钠）。若膜被蛋白质等生物大分子污染不易除净，还可选用变性剂（6mol/L 脲）、蛋白酶等。如用 1% 的胰蛋白酶液浸泡过夜，然后用大量水洗，可恢复流速。一般用 1% 的 NaOH 液循环洗涤膜组件 20～30min。如遇吸附严重的膜须充分洗去膜间隙及被吸附的蛋白质和其他有机物。然后用大量水循环洗涤，直至洗涤用水 pH < 8 为止。超滤膜比较稳定，若操作正确，通常可用 1～2 年。暂时不用可保存在 30% 甘油、2%～3% 甲醛、0.2% 叠氮化钠等溶液中。

超滤技术广泛应用在生物制药、发酵液处理、水处理等领域。比如，从微生物体内提出的酶溶液中含有盐、糖、肽、氨基酸等低分子组分，这些组分对酶制剂的脱色、气味、吸湿性、结块性都有很大影响。通常采用减压浓缩、盐析及有机溶剂沉淀等方法将这些组分去除，但由于过程复杂，制品纯度及回收率都很低，且费用昂贵。采用超滤技术后，酶的提纯和浓缩过程变得简单，可减少杂菌的污染和酶的失活，大大提高了酶的回收率和质量。实践表明，超滤技术进行酶的精制、浓缩时，产品纯度要比传统的减压精馏、盐析等方法提高 4～5 倍，酶回收率提高 2～3 倍。超滤技术广泛用于工业生产 α - 淀粉酶、蛋白酶、果胶酶、糖化酶和葡萄糖氧化酶等酶制剂的浓缩和精制等。还用于霍乱菌、钩端螺旋体疫苗、狂犬病疫苗、乙肝疫苗、胸腺素等的浓缩和精制等。在高纯水的制备过程中，中空纤维式超滤常作为反渗透装置的前处理设备用于去除胶体、微粒、细菌等物质。

在制药生产中，液体灭菌是最常见的问题。传统的热压灭菌方法，对热敏性药物不适用，并且杀死的细菌尸体仍留在药液中。微粒污染物的去除过程中，过去使用的过滤材料中含有致癌物石棉，传统的压滤方法不能有效地去除这些微粒物。超滤膜可从溶液中去除病毒、热原、蛋白质、酶和细菌，因此，若选择截留分子质量合适的超滤膜，可取代传统的微滤 - 吸附法除热原工艺，一次完成注射针剂在装瓶前的除热原和灭菌。对一些热敏性的血清蛋白、胰岛素及丙种球蛋白等，无法使用传统热压法灭菌的药物，同样可使用超滤技术，在常温下实现灭菌和除热原。超滤技术还用于中药注射液如复方丹参注射液、茵栀黄注射液、五味消毒饮注射液制备等。

【思考题】

1. 透析过程中的注意事项有哪些？

2. 简述超滤的分离机理？

3. 常用的超滤膜材料有哪些？

4. 超滤膜组件有哪些？各有什么特点？

5. 超滤技术的主要工业应用有哪些？

实训案例9　透析法脱盐

一、实训目的

1. 学习透析的原理。

2. 掌握透析技术的操作。

二、实训原理

透析是利用蛋白质分子不能通过半透膜的性质，使蛋白质和其他小分子物质如无机盐、单糖等分开。常用的半透膜是玻璃纸或其他纤维素材料。透析时把待纯化的蛋白质溶液装在半透膜的透析袋里，放入透析液（蒸馏水或缓冲液）中进行的，透析液可以更换，直至透析袋内无机盐等小分子物质降低到最小值为止。

三、实训材料

1. 设备

透析管或透析袋、烧杯、玻璃棒、电磁搅拌器、试管及试管架。

2. 试剂

10%硝酸溶液、1%硝酸银溶液、10%氢氧化钠溶液、1%硫酸铜溶液。

蛋白质的氯化钠溶液：3个除去卵黄的鸡蛋清与700mL水及300mL饱和NaCl溶液混合后，用纱布过滤所得。

四、实训步骤

1. 卵清蛋白溶液加10% $CuSO_4$和10% NaOH，进行双缩脲反应。

2. 透析袋装入10~15mL蛋白质的氯化钠溶液后扎成袋形，系于一横放在烧杯中的玻璃棒上，并放在盛有蒸馏水的烧杯中（或在透析管中装入10~15mL蛋白质的氯化钠溶液并放在盛有蒸馏水的烧杯中）。

3. 1h后，自烧杯中取水1~2mL，加10% HNO_3溶液数滴使成酸性，再加入1% $AgNO_3$1~2滴，检验氯离子是否存在。

4. 从烧杯中取水1~2mL水，进行双缩脲反应，检验是否有蛋白质的存在。

5. 不断更换烧杯中的蒸馏水（并用电磁搅拌器不断搅动蒸馏水），加速透析过程。

6. 数小时后，从烧杯中的水中不再能检出氯离子。此时停止透析并检查透析袋内容物是否有蛋白质或氯离子存在（观察到透析袋中球蛋白沉淀的出现，这是因为球蛋白不溶于纯水的缘故）。

五、讨论

1. 如何检查透析袋内容物是否有蛋白质或氯离子存在？

2. 检验氯离子的存在时，为什么要加10% HNO_3数滴？

六、注意事项

1. 透析袋使用前应检查是否破裂并进行预处理。
2. 将样品放入透析袋内，两端要封闭（注意袋内不要留气泡）。
3. 透析过程中，注意更换透析袋外水，加快透析速度和效率。

模块九

干燥技术

干燥是利用热能除去湿物料中湿分的单元操作。生物制药常用的干燥有真空干燥、冷冻干燥和喷雾干燥等。真空干燥是指将被干燥物料放置于密闭的干燥室内，在用真空系统抽真空的同时，对被干燥物料加热，使物料内部的水分通过压力差或浓度差扩散到表面，水分子逃逸到真空室的低压空间，从而被真空泵抽走的过程。冷冻干燥是利用冰的升华原理，将含水物料冷冻到冰点以下，使水转变为冰，然后在较高真空下将冰直接转变为蒸汽而除去湿分的干燥方法。喷雾干燥是将物料液雾化后与热空气迅速进行热交换，从而获得粉末状产品的一种干燥过程。

在生物产品生产过程中，目的物从生物材料中分离出来后，一般都溶解在水或其他液态溶剂中，为了将目的物从溶液中提取出来，一般需要利用干燥技术除去溶剂。湿物料中所含的需要在干燥过程中除去的溶剂称为湿分。干燥是利用热能除去湿物料中湿分的单元操作。干燥的主要目的是除去原料、半成品或成品中的液态成分，将目的物从溶液中分离并制成固体粉剂，以便于进一步加工、使用、运输、保存等。许多生化产品如有机酸、酶制剂、生物小分子活性物质和抗生素等多为固体产品，干燥技术在生物分离过程中使用十分普遍。

常用的干燥方法有许多，如晒干、煮干、烘干、对流干燥（固定床干燥、流化床干燥、气流干燥和喷雾干燥）、微波干燥、真空干燥、冷冻干燥等。本章重点介绍生物制药生产中常用的真空干燥、冷冻干燥、喷雾干燥。

项目一　概述

最常见的干燥实质是脱水，即通过汽化将湿物料中的水分去除。物料干燥程度与物料中所含水分的存在状态相关。根据水分在物料中的存在状态和去除的难易程度，一般将物料中的水分为游离水和结合水。游离水与物料的结合力较弱，能够在原料中流动，与普通水有相同的蒸汽压。在干燥的过程中，游离水易于去除。结合水一般是物料的组成部分，与物料的结合力较强，不能随意流动，如 $CuSO_4 \cdot 5H_2O$ 中的水分子。干燥的过程中，首先去除的是结合力较弱的游离水，其次是结合水，结合水比游离水较难去除。

一、影响干燥的因素

影响干燥的因素主要有以下几方面。

1. 物料的性质、结构和形状

物料的性质和结构不同，干燥速率也不同。物料的形状大小以及堆积方式不仅影响干燥面积，同时也影响干燥速率。

2. 干燥的温度、湿度与流速

提高温度，通过加快蒸发速度可使干燥速率加快；降低有限空间相对湿度，可提高干燥效率。因此，提高空气温度、降低空气湿度、加大空气流速、改善空气与物料间流动和接触状况，均有利于提高干燥速率。

3. 干燥速度与干燥方法

干燥速度不宜过快，太快易发生表面假干现象。正确的干燥方法是静态干燥要逐渐升温，否则易出现结壳假干现象；动态干燥要大大增加其暴露面积，有利于干燥效率。

4. 压力

环境压力较低或通过减压可以加快干燥速度，干燥产品疏松、易碎且质量较稳定。

二、生物物料干燥的特殊要求

生物物料干燥机理与一般化工产品的干燥机理基本相同。但由于生物物料的特殊性质，其干燥条件与一般化工产品的干燥条件有很大区别。

生物物料一般是热敏性物质，对温度比较敏感。生物物料在干燥过程中温度过高或者受热时间过长，都会影响生物物料的稳定性和生物活性，使产品受到不同程度的破坏。因此，用于生物物料干燥的技术和设备要求干燥快速高效、加热温度不宜过高、产品与干燥介质接触时间不长等特点。对酶制剂和蛋白类生物制品的干燥，如果干燥技术不合适，会使生物制品的生物活性下降，产品质量受到较大的损失。

干燥过程中引起的产品失活或变质除了与温度的高低相关外，还与温度维持时间、温度升降速度等因素相关。一般来说，干燥的时间越长，温度越高，温度的升降速度越慢，产品的生物活性丧失得越多，产品变质的可能性越大。在这种情况下，采用喷雾干燥、气流干燥、沸腾干燥或冷冻干燥等干燥方法对保持生物制品的生物学活性是最合适。另外，某些结晶状生物产品如味精，在干燥的过程中还需要保证其晶体结构的完整。

项目二 真空干燥

真空干燥是指将被干燥物料放置于密闭的干燥室内，在用真空系统抽真空的同时，对被干燥物料加热，使物料内部的水分通过压力差或浓度差扩散到表面，水分子逃逸到真空室的低压空间，从而被真空泵抽走的过程。

常用的干燥方法有许多，如晒干、煮干、烘干、喷雾干燥等。但这些干燥方法都是在较高的温度下进行。经过高温干燥所得的产品，一般会发生体积缩小、质地变硬、氧化等变化，一些易挥发的成分大部分会随着蒸汽的挥发损失掉。同时，有些热敏性的物质，如蛋白质、维生素会变性，会失去生物活性。微生物制品经过高温干燥也会变性，细胞结构易被破坏，而且干燥后的产品不易在水中重新溶解。因此，对于普通的加热干燥，较高温度干燥后的生物制品与干燥前相比在物理、化学和生物性状上可能会有很大的差别。

一、真空干燥原理

水的沸点与蒸汽压成正比，所以真空干燥时物料中的水分在低温下就能汽化，可以实现低温干燥。这对热敏性物料的干燥是有利的。例如，糖液超过70℃部分成分就会变成褐色，降低产品的商品价值；维生素C超过40℃就分解，改变了原有性能；蛋白质在高温下变性，改变了物料的营养成分等。真空干燥机就是在真空状态下，提供热源，通过热传导、热辐射等传热方式供给物料中水分足够的热量，加快汽化速度。同时，抽真空又快速抽出汽化的蒸汽，并在物料周围形成负压状态，物料的内外层之间及表面与周围介质之间形成较大的湿度梯度，加快了汽化速度，达到快速干燥的目的。

湿物料内的水分在负压状态下，沸点随着真空度的升高而降低，同时辅以真空泵抽湿降低水气含量，使得湿物料内水分等脱离物料表面。真空干燥由于处于负压状态下，使得部分在干燥过程中易被氧化的物料能够更好地保持原有的特性，也可以通过注入惰性气体后抽真空的方式来更好地保护物料。

在真空干燥过程中，干燥室内的压力始终低于大气压力，含氧量低，因而能干燥容易氧化变质的物料。真空干燥对药品和生物制品能起到一定的消毒、灭菌作用，可以减少物料染菌的机会或者抑制某些细菌的生长。

真空干燥受供热方式、加热温度、真空度、物料的种类等因素影响。通常供热有热传导、热辐射和两者结合 3 种方式。真空干燥可消除常压干燥容易产生的表面硬化现象。真空干燥物料内部和表面之间压力差较大，在压力梯度作用下，水分很快移向表面，不会出现表面硬化，同时能提高干燥速率，缩短干燥时间，降低设备运行费用。

真空干燥能克服热风干燥所产生的溶质失散现象。有些被干燥的物料内含有贵重或有价值的物质成分，干燥后需要回收利用；还有些被干燥物料内含有危害人类健康或有毒有害的物质成分，干燥后废气不允许直接排放到空间环境中去，需要集中处理。只有真空干燥才能方便地回收这些有用和有害的物质，而且能做到密封性良好。从环保的角度，真空干燥可称为"绿色干燥"。

二、 真空干燥技术的特点

真空干燥由于是在密闭的空间进行，因此有其独特的特点。

（1）真空干燥特别适用于热敏性物料、高温易氧化的物料、干燥过程中排放的气体有价值或有毒害的物料等。密闭的干燥环境减少物料与空气的接触机会，能避免外界物质的污染或产品的氧化变质。在真空干燥过程中，通过添加适当的回收装置，挥发性液体可以被回收利用。

（2）干燥时可选的真空度和加热温度范围较大，大多数生物制品都可以通过真空干燥的方法进行脱水。

（3）相对于普通的干燥方法，真空干燥的温度低，无过热现象，水分易于蒸发，干燥时间短。

（4）真空干燥的产品可形成多孔结构，呈松脆的海绵状，易于粉碎，有较好的溶解性，溶解速度相对较快。

（5）真空干燥对干燥室的真空度要求较高，一次性设备投资和日常运行的动力消耗高于常压热风干燥设备。

三、 微波真空干燥

常用的真空干燥方法有微波真空干燥、冷冻真空干燥、真空临界低温干燥、高频真空干燥等多种干燥技术。下面以常用的微波真空干燥技术为例进行介绍。微波真空干燥技术是从 20 世纪 80 年代开始迅速发展起来的一项新型干燥技术，在生物制品的干燥中有广泛的应用。

传统的常压加热方式中，热量通过对流、传导、辐射进行传导，由外部向内渗透，但在真空条件下，通过空气对流传热难以进行，只有依靠热传导及辐射的方式给物料提供热能，被加热物料表面温度高、内部温度低、内外温差大、温度难以控制。所以，常规真空干燥方法热的传导速度缓慢、能耗大、效率低、干燥时间长。

微波是频率在 300 MHz 的电磁波。微波加热是一种辐射加热，微波对物体直接发生作用。被加热介质物料中的水分子是极性分子，它在快速变化的高频电磁场作用下，其极性取向将随着外电场的变化而变化，造成分子的运动和相互摩擦效应。此时微波场的场能转化为介质内的热能，使物料温度升高，产生热化和膨化等过程而使物料内外同时被加热，无须通过对流或传导来传递热量，所以加热速度快、热效率高、处理时间短，物料内外温度均匀，因此干燥效率高、干燥质量好。

微波真空干燥就是在真空环境中通过微波辐射加热物料，使物料脱水干燥的一种干燥技术。微波真空干燥把微波干燥和真空干燥两项技术结合起来，充分发挥各自优势，在一定的真空度下水分扩散速率加快，可以在低温条件下对物料进行干燥。微波提供热源，克服了真空状态下常规热传导速率慢的缺点，因而大大缩短了干燥时间，提高了生产效率。

（一）微波真空干燥特点

微波真空干燥有以下特点。

（1）高效　常规的真空干燥设备都采用蒸汽进行加热，需要从里到外进行加热，加热速度慢且需要耗费大量的能量，而微波真空干燥设备采用的是电磁波加热，无需传热媒介，直接加热到物体内部，升温速度快、效率高、干燥周期大大缩短、能耗低。

（2）加热均匀　由于微波加热，是从内到外对物料进行同时加热，物料的内外温差很小，不会产生常规加热中出现的内外加热不一致的状况，从而产生膨化的效果，利于粉碎，使干燥质量大大提高。

（3）微波真空干燥设备体积小，安装维修方便，不用占太大的场地。微波功率可快速调整，易于即时控制，可以在 40~100℃任意调节温度。

（4）微波加热对物料的加热是由内而外的，因此对物料的内外都进行了消毒和杀菌，使干燥物料的保质期延长。

（5）微波具有穿透性，在对物体加热时，不需要任何传媒，且可对物料内外同时加热。采用微波设备对物料加热，其速度和效能是常规加热方法的 4~20 倍。传统的干燥所需的时间很长、速度很慢、能耗大；采用微波加热，可以节约能源，提高加热和干燥的速度，经济效益显著。

（二）微波真空干燥设备组成

常用的微波真空干燥设备（图 10-1）由以下部分组成。

（1）微波加热腔体，即真空压力容器。物料放置在这个腔体中被微波辐射加热。

图 10 - 1　微波真空自动干燥箱

（2）微波源　一般采用多管形式，一台微波真空干燥设备上放置有多个微波辐射源。设备整机的脱水能力取决于所用微波的总功率。微波功率是可调的。

（3）电器控制保护系统　设备有多档次控制形式，主要保护整个微波真空干燥设备的电力系统正常运行。

（4）测控系统　主要对腔体内的温度和腔内压力的测量显示，一般是设定参数后由机器自动控制。

（5）真空获得系统，即真空泵　根据物料真空干燥的不同温度要求，可以选择不同极限真空度的真空获得系统。

（6）物料盘　根据物料的特性，可设计装载物料的形式，选择不同的物料盘材质。最常用的是转动盘，可使微波加热均匀。

（三）影响微波真空干燥的因素

影响微波真空干燥的因素有多种，如物料的性质、真空度、干燥时间等。

由于物料的种类和状态千差万别，微波真空干燥工艺也并非固定不变。在微波真空干燥过程中，物料内部逐渐形成疏松多孔状结构，其内部的导热性开始减弱，物料逐渐变成不良热导体。随着干燥过程的进行，内部温度会高于外部，物料体积越大，其内外温度梯度就越大。因此，一般应预先把物料处理到较小的粒状或片状以提高干燥效果。粉末状产品堆积在一起时不应看成是许多小颗粒，而是一个整体，需要特别注意料层的内外温差。

真空度直接影响干燥效果，真空度越低，水的沸点就越低，物料中水分扩散速度加快。水是分子极性非常强的物质，较易受到微波作用而发热；含水量越高的物质，越容易吸收微波，发热也越快；当水分含量降低，其吸收微波的能力也相应降低。微波真空干燥时间的选择十分重要，受到许多因素的影响。在干燥初期物料含水率变化很小，这是由于物料内部的水分子还没有充分吸收大量的微波能，热源不充足造成的；随着干燥的继续进行，物料内部的极性分子振动加剧，更多的能量转化为热量，促进水分子的运动，物料的水分含量降低较快。在微波真空干燥后期，物料内部逐渐形成疏松多孔状，其内部的导热性开始减弱，水分含量也趋于稳定。此外，干燥时间还受到对成品含水率要求的影响。如一般干燥成品，含水率可以控制在3%～5%，如要求低至1%或以下，干燥时间需相应地延长。

项目三 冷冻干燥

冷冻干燥又称升华干燥，是利用冰的升华原理，将含水物料冷冻到冰点以下，使水转变为冰，然后在较高真空下将冰直接转变为蒸汽而除去的干燥方法。物料可先在冷冻装置内冷冻再进行干燥，也可直接在干燥室内经迅速抽成真空而冷冻干燥。

一、冷冻干燥原理

物质有固、液、气三态，物质的状态与其温度和压力有关。图10-2为水的三相状态平衡图。图中OA、OB、OC 3条曲线分别表示水和水蒸气、冰和水蒸气、冰和水两相共存时其压力和温度之间的关系，这3条曲线分别称为沸腾线、升华线和溶化线。3条曲线将图面分为固相区、液相区和气相区。3条曲线的交点O，为固、液、气三相共存的状态，称为三相点，其温度为273.16K（0.01℃），压力为610.62Pa。水在熔点以下的温度时呈固态，在熔点和沸点之间时呈液态，在沸点以上时呈气态（图10-2）。在负压状态下随着环境中真空度的提高，水的熔点和沸点都会随之降低。若水蒸气的温度高于其临界温度273.16K时，无论怎样加大压力，水蒸气也

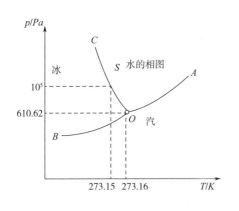

图10-2 水的三相图

不能变成水。在三相点以下，不存在液相。若将冰面的压力保持低于610.62Pa，且

给冰加热，冰就会不经液相直接变成气相，这一过程称为升华。

在冷冻干燥过程中，首先将湿物料（或溶液）在较低温度下（ – 50 ～ – 10℃）冻结成固态，然后在高度真空（0.1 ～ 130Pa）下，将其中固态水分直接升华为气态而干燥除去，也称升华干燥。湿物料也可以不预冻，而是利用高度真空时水分汽化吸热而将物料自行冻结，但对易产生泡沫或飞溅现象而导致损失的液体物料不适用，不易获得多孔性的均匀干燥物。干燥过程中升华温度一般为 – 35 ～ – 5℃，其抽出的水分可在冷凝器上冷冻聚集或直接被真空泵排出。

冷冻干燥的过程包括预冻、升华和再干燥 3 个阶段。

1. 预冻

预冻是把物料冷冻，目的是为了固定物料，以便在一定的真空度下进行升华。预冻的程度，直接关系到物料以后干燥升华的质量和效率。预冻温度应设在制品的共熔点以下 10 ～ 20℃，确保物料完全冻结，再进行升华。

2. 升华

将冻结后的物料置于密封的真空容器中加热，其冰晶就会升华成水蒸气逸出而使产品脱水干燥。物料的升华是在高度真空下进行的，在压力降低过程中，必须保持物品处于冰冻状态，以防溢出容器。当全部冰晶除去时，第一阶段干燥就完成了，此时约除去全部水分的 90%。为保证升华干燥效率，必须使物料内外形成较大的蒸汽压差，因此必须维持高度真空。为保证冰的升华，应开启加热系统，不断供给冰升华所需的热量。

3. 再干燥

再干燥也称第二阶段干燥。升华干燥结束后，物料内还存在 10% 左右的水分，这一部分水分为结合水分。当水分达到一定含量，就为微生物的生长繁殖和某些化学反应提供了条件。因此，为了改善物料的稳定性，延长保存期，需要除去这些水分。由于这部分水分是通过范德华力、氢键等弱分子力吸附在产品上的结合水，因此要除去这部分水，需要更多的能量。整个冷冻干燥过程中 80% 以上的时间耗费在此阶段。此时，可以把物料加热到其允许的最高温度以下，维持一定的时间（视物料特点）而定，使残余水分含量达到预定值，整个冻干过程结束。实际操作应按冻干曲线（事先经多次实验绘制的温度、时间、真空度曲线）进行。

4. 冷冻干燥的优点

（1）冷冻干燥在低温下进行，因此对于许多热敏性的物质特别适用。如蛋白质、微生物制品等不会发生变性或失去生物活力，因此在生物制品的干燥过程中应用最广泛，可以保持生物制品特别是微生物细胞原有形状和结构。物料中的一些挥发性成分损失很小，可以最大程度地保留物料中的有效成分。

（2）相对于常温常压干燥，在冷冻干燥过程中的低温和低压环境使微生物的生长和酶的作用停止，因此能最大限度保持生物制品的原有性状。

（3）干燥后的物料疏松多孔，加水后可以迅速完全溶解。

（4）由于冷冻干燥多在真空下进行，氧气极少，因此一些易氧化的物质可以得到保护。

（5）冷冻干燥的脱水过程是从物料表层到内部逐层进行脱水的，脱水部位形成疏松小孔，能排除95%～99%以上的水分，使干燥后产品能长期保存而不致变质。

冷冻干燥技术中除了常用的真空冷冻干燥，又研制推出微波真空冷冻干燥、喷雾冷冻干燥等新技术，下面就以最常用的真空冷冻干燥为例介绍冷冻干燥设备和相关内容。

二、 冷冻干燥设备

产品的冷冻干燥需要在一定装置中进行，这个装置称为真空冷冻干燥机或冷冻干燥装置，简称冻干机。冻干机按系统分类，一般由制冷系统、真空系统、加热系统和控制系统4个主要部分组成。主要部件有冻干箱、冷凝器、真空管道、阀门、真空泵等。图10-3是冻干机组成示意图。

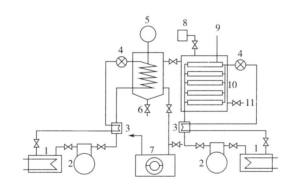

图10-3 冻干机组成示意图

1—冷凝器 2—制冷机 3—热交换器 4—膨胀阀 5—冷凝温度指示 6—冷凝器放气阀
7—真空泵 8—真空计 9—热交换器 10—冻干箱 11—冻干箱放气阀

（一）冻干机结构与功能

1. 冻干箱

冻干箱是一个能够制冷到-55℃左右，也能够加热到80℃左右的高低温箱，是一个能抽成真空的密闭容器。它是冻干机的主要部分，需要冻干的产品就放在箱内分层的金属板层上，对产品进行冷冻，并在真空下加温，使产品内的水分升华而干燥。

2. 冷凝器

冷凝器同样是一个真空密闭容器，在它的内部有一个较大表面积的金属吸附面，吸附面的温度能降到 $-40 \sim -70℃$，并且能维持这个低温范围。冷凝器的作用是把冻干箱内升华出来的水蒸气冻结吸附在其金属表面上。

3. 真空系统

冻干机的真空系统由冻干箱、冷凝器、真空管道、阀门、真空泵等构成。真空系统要求没有漏气现象，真空泵是真空系统建立真空的重要部件。真空系统对于产品的迅速升华干燥是必不可少的。

4. 制冷系统

冻干机的制冷系统由制冷机、冻干箱、冷凝器内部的管道等组成。制冷机的功能是对冻干箱和冷凝器进行制冷，以产生和维持系统工作时所需要的低温。

5. 加热系统

不同的冻干机有不同的加热系统。有的是利用直接电加热法；有的则利用加热介质来进行加热，由一台泵使加热介质不断循环。加热系统的作用是对冻干箱内的物料进行加热，以使水分不断升华，并达到规定的残余含水量要求。

6. 控制系统

控制系统由各种控制开关，指示调节仪表及一些自动装置等组成。一般自动化程度较高的冻干机控制系统较为复杂。控制系统的功用是对冻干机进行手动或自动控制，操纵机器正常运转，以使冻干机生产出合乎要求的产品。

（二）冻干程序

不同的真空冷冻干燥设备在冻干不同的物料时有不同的冷冻干燥程序，一般程序如下。

（1）在冻干之前，把需要冻干的产品分装在合适的容器内，一般是玻璃模子瓶、玻璃管子瓶或安瓿瓶，装量要均匀，容器中物料的蒸发表面应尽量大，而厚度应尽量薄一些，样品不易压缩过紧。

（2）将装有物料的容器放入与冻干箱板层尺寸相适应的金属盘内。对瓶装物料一般采用脱底盘，有利于热量的有效传递。

（3）装箱之前，先将冻干箱进行空箱降温，然后将物料放入冻干箱中进行预冻，一般在 $-40℃$ 冰冻过夜，使样品完全冻结。

（4）抽真空之前要根据冷凝器制冷机的降温速度提前使冷凝器工作，抽真空时冷凝器至少应达到 $-40℃$。

（5）待真空度达到冻干工艺要求达到的真空度后继续抽真空 $1 \sim 2h$，即可对箱内产品进行加热。一般加热分两步进行：第一步加温不使产品的温度超过共熔点或称共晶点的温度；待产品内水分基本蒸发完全后进行第二步加温，这时可迅速地使产品上升到规定的最高许可温度。在最高许可温度保持 2h 以上后，即可结束冻干操作。

冻干结束后，要将无菌空气充入干燥箱，然后尽快密封物料，以防吸入空气中的水分，导致干燥失败。

冷冻干燥时间与冷冻干燥物料在每瓶内的装量、物料总装量、容器的形状、规格、物料的种类、冻干机的性能及冻干曲线等有关。

冻干曲线是物料冻干过程的重要参数，一般以温度为纵坐标，时间为横坐标。不同的物料冻干曲线不同。冻干曲线还与冻干机的性能有关，因此，相同的物料，使用不同的冻干机应采用不同的冻干曲线。同一物料，采用不同的冻干曲线时，产品的质量也不相同。

三、共熔点

需要冻干的产品，在冻干前一般都是水的溶液或悬浊液，因此溶液的冰点就与水不相同。如水在 0℃ 时结冰，而海水却要在低于 0℃ 的温度才结冰，因为海水也是多种物质的水溶液。含有物料的溶液的冰点低于溶剂的冰点。另外，含有物料的溶液的结冰过程与纯液体也不一样，纯液体如水在 0℃ 时结冰，水的温度并不下降，直到全部水结冰之后温度才下降，这说明纯液体有一个固定的结冰点。而溶液却不一样，它不是在某一固定温度完全凝结成固体，而是在某一温度时，晶体开始析出，随着温度的下降，晶体的数量不断增加，直到最后，溶液才全部凝结。溶液并不是在某一固定温度时凝结，而是在某一温度范围内凝结。冷却时开始析出晶体的温度称为溶液的冰点，而溶液全部凝结的温度称为溶液的凝固点。凝固点就是融化的开始点（即熔点），对于溶液来说也就是溶质和溶剂共同熔化的点，所以又称为共熔点。所以溶液的冰点与共熔点是不相同的。共熔点才是溶液真正全部凝成固体的温度。表 10-1 是部分溶液的共熔点，供冷冻干燥时参考使用。

共熔点的概念对于冷冻干燥非常重要。因为冻干产品可能是盐类、糖类、蛋白质、血细胞、组织、病毒、细菌等不同物质。待冻干的物料是一个复杂的液体，有不同的共熔点。由于冷冻干燥是在真空状态下进行的，只有物料全部冻结后才能在真空下进行升华干燥，否则当物料中有部分液体存在时，液体在真空下不仅会迅速蒸发，而且溶解在其中的气体在真空下会迅速冒出来，造成类似液体沸腾的样子，使冻干产品鼓泡，甚至溢出瓶外。因此，物料在升华开始前必须要降到共熔点以下的温度，使冻干产品真正全部冻结。

表 10 - 1 　　　　　　　　　　　　　不同溶液的共熔点

溶液	共熔点/℃
纯水	0
0.85% 氯化钠溶液	-22
10% 蔗糖溶液	-26
40% 蔗糖溶液	-33
10% 葡萄糖溶液	-27
2% 明胶、10% 葡萄糖溶液	-32
2% 明胶、10% 蔗糖溶液	-19
10% 蔗糖溶液、10% 葡萄糖溶液、0.85% 氯化钠溶液	-36
脱脂牛奶	-26
马血清	-35
1mol/L 甘露醇	-2.24
0.6mol/L 乳糖	-5.4
4.97mol/L 氯化钾	-11.1
5.93mol/L 溴化钾	-12.9

四、 冻干保护剂

在冷冻干燥的液体制品中，除了目的物外，其他成分统称为冻干保护剂。保护剂不同于佐剂，没有与目标物功能相关的任何生物活性。有些液体制品能单独进行冷冻干燥，但也有些液体制品进行冷冻干燥往往不易成功或容易丧失生物活性。为了使某些制品能成功地进行冷冻干燥，或为改善冻干产品的溶解性和稳定性，或使冻干产品保持完整的生物活性和美观的外形，需要在制品中加入一些附加物质，即保护剂。保护剂为悬浮介质、填充剂、赋形剂、缓冲剂、基础物等，对于冻干制品必须是化学惰性的。

保护剂的作用有：

（1）细菌和病毒需要在特定的培养基中生长繁殖，但有些培养基的成分与细菌和病毒往往难以分离，细菌和病毒一般均匀地被冷冻干燥在这些培养介质中，例如琼脂、蛋白质等。

（2）有些生物制品中活性物质浓度极小，干物质含量极少。在冷冻干燥时已经干燥的物质会被升华的气流带走。为了改善活性物质的浓度，增加干物质含量，使冻干后的产品能形成较理想的团块。需要在溶液中加入填充物质，使固体物质的浓度在 4% ~25% 。这些填充物或赋形剂通常是：蔗糖、脱脂乳糖、蛋白质及其水解物、聚乙烯吡咯烷酮（PVP）、葡聚糖、山梨醇等。

（3）有些生物制品中的活性物质特别脆弱，在冷冻干燥过程中由于物理或化学的原因会丧失生物活性，因此在冻干的过程中加入一些保护剂或防冻剂，以减少冷冻干燥过程对生物活性物质的损害。例如，在生物制品中加入二甲亚砜、甘油、右旋糖苷（葡聚糖）、糖类、聚乙烯吡咯烷酮等保护剂。

（4）加入某些物质可以提高生物制品的崩解温度，从而得到良好的产品并使冻干过程变得容易。如甘露醇、甘氨酸、右旋糖苷、木糖醇、聚乙烯吡咯烷酮等保护剂。

（5）某些保护剂可以改变冻干液体制剂的酸碱度，从而改变共熔点以利于冻干，如碳酸氢钠、氢氧化钠等保护剂。

（6）某些保护剂的加入可以提高冻干后制品的稳定性、提高贮藏温度、增加贮藏时间，如抗氧化剂，维生素 C、维生素 E、硫代硫酸钠、硫脲等。

保护剂所涉及的范围宽广，品种繁多。对于不同的冻干制品也没有一个保护剂的通用配方。每种生物制品的适宜保护剂需通过反复的试验才能确定。表 10 - 2 是一些常用的冻干保护剂。

表 10 - 2　　　　　　　　　不同类别的保护剂列表

复合物	糖类	盐类	醇类	酸类	碱类	聚合物	其他
脱脂乳	蔗糖	硫酸钠	山梨醇	柠檬酸	氢氧化钠	葡聚糖	维生素 C
明胶	乳糖	乳酸钙	乙醇	磷酸	碳酸氢钠	聚乙二醇	硫脲
蛋白水解物	麦芽糖	谷氨酸钠	甘油	酒石酸		PVP	
多肽	葡萄糖	氯化钠	甘露醇	氨基酸			
酵母	棉籽糖	氯化钾	肌醇	EDTA			
糊精	果糖	氯化铵	木糖醇				
甲基纤维素	二碳糖						
血清							
蛋白胨							

项目四　喷雾干燥

喷雾干燥是将物料液雾化后与热空气迅速进行热交换，从而获得粉末状产品的一种干燥过程。喷雾干燥也适用于热敏性生物制品的快速干燥，最后得到的粉状干燥物可用于制备微胶囊等成品。

一、喷雾干燥的分类

喷雾干燥是物料干燥的一种方法。利用喷雾器将悬浮液和黏滞液体喷成雾状，形成具有较大表面积的分散微粒，然后与热空气迅速进行热交换。稀物料雾化后，在与热空气的接触中，水分迅速汽化，即得到干燥成品。成品以粉末状沉降于干燥室底部，连续或间断地从卸料器排出。该法能直接使稀物料干燥成粉状或颗粒状制品，可省去蒸发、粉碎等工序。

喷雾干燥的一般过程是空气经过滤并加热后，进入干燥器顶部空气分配器，热空气呈螺旋状均匀地进入干燥室。料液经塔体顶部的雾化器，（旋转）喷雾成极细微的雾状液珠，与热空气接触，在极短的时间内可干燥为成品。成品连续地由干燥塔底部和旋风分离器中输出，废气由引风机排空。

喷雾干燥的关键是料液的雾化，它关系到喷雾干燥的质量。理想的喷雾器要求喷雾粒子均匀，产量大、能耗小。常见的料液雾化器（又称喷雾器）有压力式喷雾器、气流式喷雾器和离心式喷雾器3种，与之相对应的有压力喷雾干燥塔、气流喷雾干燥塔和离心喷雾干燥塔3类喷雾干燥设备。

压力喷雾干燥法是利用高压泵，以 $7 \sim 20MPa$ 的压力将物料通过雾化器（喷枪），形成的雾状微粒与热空气直接接触，进行热交换，短时间完成脱水干燥。料液雾化分散度，取决于喷嘴的结构、料液流出速度和压力、料液的物理性质（表面张力、黏度、密度）。压力喷雾器干燥适于黏度料液，动力消耗少。缺点是需要高压泵，高压泵加工精度及材料强度要求较高；喷嘴易磨损、堵塞，对粒度大的悬浮液不适用。

气流式喷雾干燥法是将料液经输送机与加热后的压缩空气同时进入干燥器，利用料液在喷嘴出口处与高速运动（$200 \sim 300m/s$）的、压力为 $0.25 \sim 0.6MPa$ 的压缩空气相遇，由于料液速度小，气流速度大，两者存在相当大的速度差，液膜被拉成丝状，然后分裂成细小雾滴。料液与热空气充分混合，由于热交换面积大，从而在很短的时间内使物料中的水分蒸发。干燥后的成品从旋风分离器排出，其中一小部分飞粉由旋风除尘器或布袋除尘器回收。由于气流喷雾器的喷嘴孔径较大（$1 \sim 4mm$），所以能够处理悬浮液和黏性较大的液体。雾滴大小取决于气、液两相速度差和料液黏度。相对速度差越大，料液黏度越小，雾滴越细。料液分散度取决于气体的喷射速度、料液和气体的物理性质、雾化器几何尺寸及气料流量之比。气流式喷雾干燥法在制药工业中广泛使用，用于核苷酸、蛋白酶等的干燥。气流式喷雾干燥设备结构简单，容易制造，适用于任何黏度或稍有固体的料液。缺点是动力消耗最大，每千克料液需 $0.4 \sim 0.8kg$ 的压缩空气。

离心喷雾干燥法是利用水平方向做高速旋转的圆盘给予物料溶液以离心力，使其以高速甩出，形成薄膜、细丝或液滴，由于空气的摩擦、阻碍、撕裂的作用，其轨迹为螺旋形。液体沿着此螺旋线自圆盘上抛出后，就分散成很微小的液滴，同时液滴又受到地心吸力而下落。由于喷洒出的微粒大小不同，因而它们飞行距离也就不同，因此微粒群形成一个以转轴为中心对称的圆柱体。以这种方式喷出的微粒与热空气直接接触，进行热交换，可以在短时间内完成脱水干燥。

离心式喷雾干燥适用于高黏度或带有固体的料液，转盘雾化操作弹性宽，可在设计生产能力的 ±25% 范围内调节产量。缺点是，机械加工要求高、制造费用大、雾滴较粗、喷嘴较大，塔直径比其他喷雾塔大得多（图 10 – 4）。

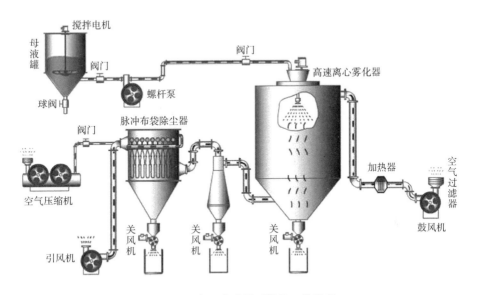

图 10 – 4　离心式喷雾干燥机工作流程

喷雾干燥具有以下特点。

（1）干燥速度快、时间短，在 3 ~ 30s 的时间内，料液即被雾化成 20 ~ 60μm 的雾滴，表面积高达 200 ~ 5000m²/m³，物料极易汽化干燥。

（2）干燥温度较低，喷雾干燥虽采用较高温度的热空气，但由于雾滴中含大量水分，汽化吸热使物料表面温度不会太高，为 50 ~ 60℃；物料在干燥器内停留时间短，非常适合于热敏性物料干燥。

（3）干燥成品具有较好的流动性、分散性和溶解性。另外，喷雾干燥是在封闭干燥室中进行，可以保证干燥的卫生条件，避免粉尘飞扬和杂质污染。

（4）活性成分损失少，快速的干燥过程可以大大减少活性物质损失。

（5）工艺较简单，料液经喷雾干燥后，可直接获得粉末状或微细颗粒状产品。

（6）生产率高，喷雾干燥便于实现机械化、自动化，操作控制方便。适于连续大规模生产，需要的操作人员少，劳动强度低。

同时，喷雾干燥也有设备较复杂、占地面积大、一次投资大；雾化器、粉末回收装置价格较高；需要空气量多、热效率不高、热消耗大等缺点。

二、喷雾干燥设备

根据物料雾化方式和干燥室形式的不同，喷雾干燥设备有多种形式。多数喷雾干燥设备都是由原料液供给系统、空气加热系统、干燥系统、气固分离系统和控制系统等几部分组成。其中干燥系统的雾化器、干燥室是整个喷雾干燥设备的核心部件。

　　雾化器根据雾化方式的不同有压力雾化器、离心式雾化器和气流雾化器。压力式雾化器，是一种喷雾头，装在一段直管上构成喷枪。喷雾头（喷枪）与高压泵配合才能工作。一般使用高压泵为三柱塞泵。由于单个压力式喷雾头的流量（生产能力）有限，大型压力式喷雾干燥通常由多支喷枪一起并联工作。气流式喷雾干燥器是依靠高速气流工作的喷雾器，结构简单、适用范围广，但是动力消耗较大。离心式喷雾干燥器是由机械驱动或气流驱动装置与喷雾转盘结合而成。

　　喷雾干燥室是喷雾干燥机的核心。雾化器出来的直径 10 ~ 100μm 料液雾滴，有巨大表面积。雾滴与进入干燥室的热气流接触，在瞬间（0.01 ~ 0.04s）发生强烈的热交换和质交换，使其中绝大部分水分迅速蒸发气化并被干燥介质带走。喷雾干燥室分厢式和塔式两大类。每类干燥室由于处理物料、受热温度、热风进入和出料方式等的不同，结构形式有多种。新型喷雾干燥设备，几乎都用塔式结构（图 10 - 5）。

图 10 - 5　离心喷雾干燥塔

　　喷雾干燥一般按照以下操作步骤进行：首先空气经加热器后，变成热风以切线方向进入热风分配器，在导叶片的作用下，热风均匀地、螺旋式地进入喷雾塔内。在送料泵启动以后，可通过调节流量来控制料液流量；调节加料量必须从小到大，否则会出现粘壁现象。因温度显示有滞后，调节料液流量速度要慢。随后，料液被送料泵运输至雾化器中，通过料液分配器，均匀连续地滴入雾化盘，在高速下甩出，形成薄膜、细丝或液滴，同时又受到周围空气的摩擦、阻碍与撕裂等作用，喷洒成大小均一的雾化液滴；在热空气的作用下，雾化液滴随热空气一起在干燥室内呈螺旋式旋转，并且逐渐失去水分变成药粉落入干燥器的锥体部分。然后，在离心风机的作用下，伴随热空气一起进入旋风分离器，物料干粉落入收粉器内，废气由分离器出口进入离心风机。当喷雾干燥完成后，换上一个空的收粉器，在加料桶内加入清水，清洗雾化盘和进料管。最后，关机。

三、 干燥设备的选择

干燥器种类很多，被干燥物料各有特点。选用干燥器时，应同时考虑物料干燥特性、热敏性、黏附性、干燥成品质量要求等。

（1）物料的干燥特性　物料不同，干燥时间相差很大。对吸湿性强的物料应选择干燥时间长的干燥器。对干燥时间很短的干燥器，如气流干燥器，仅适用于干燥含水量很低的易于干燥的物料。

（2）物料的热敏性　物料的热敏感性取决于物料可承受温度的上限，物料耐热能力还与干燥时间长短有关。对某些热敏性物料，如果干燥时间很短，即使在较高温度下进行干燥，产品也不会变质。气流干燥器和喷雾干燥器比较适合于热敏性物料干燥。

（3）物料的黏附性　物料黏附性，关系到干燥器内物料流动及传热与传质的进行。应充分了解物料在干燥过程中黏性变化，以便选择合适干燥器。

（4）产品的质量要求　干燥药品等不能受污染的物料，干燥介质须纯净，或采用间接加热方式干燥。有的产品不仅要求有几何形状，而且要求良好外观，物料干燥过程中，若干燥速率太快，可能会使产品表面硬化或严重收缩发皱，直接影响产品价值。因此，应选择适当干燥器，确定适宜的干燥条件和干燥速率。对易氧化物料，宜采用间接加热干燥器。

（5）热能的利用率　不同类型干燥器，热效率不同。选择干燥器时，在满足干燥基本要求条件下，应尽量选择热效率高的干燥器。

（6）对环境的影响　废气中含污染环境的粉尘甚至有毒成分，必须对废气进行处理，达到排放要求。

【思考题】

1. 什么是干燥？干燥的基本原理是什么？

2. 生物物料干燥有什么特点？

3. 冷冻干燥过程分为哪几个阶段？

4. 简述冷冻干燥的基本原理。

5. 简述微波真空干燥的基本原理。

实训案例10　猪胆酸的制备

一、实训目的

1. 掌握猪胆酸制备的原理和操作步骤。

2. 掌握真空冷冻干燥的操作方法和注意事项。

二、实训原理

胆酸是一种固醇，化学名称为3α，7α，12α - 三羟基 - 5β - 胆烷酸，广泛存在于牛、羊、猪的胆汁中，为无色片状物或白色结晶粉末，有苦味。15℃时，胆酸在水中的溶解度为0.28g/L，其钠盐在水中溶解度为568.9g/L。本实训以新鲜猪胆汁为原料，首先制备粗胆酸，再精制后进行真空冷冻干燥，得猪胆酸成品。

三、实训材料

1. 试剂

新鲜猪胆汁、饱和石灰水、盐酸、硫酸、乙酸乙酯、活性炭、无水硫酸钠。

2. 仪器

真空冷冻干燥仪、冰箱、烧杯、量筒、滤纸。

四、实训步骤

1. 取新鲜猪胆汁，边搅拌边加入3～3.5倍量饱和石灰水上清液，待加完后继续搅拌5～10min，加热至沸2min，冷却，过滤。

2. 滤液加盐酸将pH调至3.5，析出沉淀，静置12h以上，沉淀即为粗胆酸。

3. 取出沉淀，水洗，加1.5倍氢氧化钠，加9倍水，加热煮沸12～18h，放冷，静置过夜，得到膏状物。

4. 在膏状物中加水，加硫酸将pH调至1，析出的沉淀为猪胆酸。

5. 取沉淀，捣碎，用水漂洗至无酸性，过滤，得到粗制猪胆酸。

6. 取粗猪胆酸，加4倍量乙酸乙酯，加150～200g/L活性炭，加热回流0.5h，放冷，过滤，保留滤液和滤饼。

7. 滤饼中加1.5～2.5倍乙酸乙酯处理1次，合并两次滤液。

8. 在滤液中加200g/L无水硫酸钠，静置过夜，浓缩至原体积的1/3。

9. 除去硫酸钠，浓缩液冷却得结晶，过滤，用乙酸乙酯洗涤结晶。

10. 真空冷冻干燥，得猪胆酸成品。

五、实训结果和讨论

叙述冷冻干燥的操作方法和注意事项。

参考文献

［1］毛忠贵．生物工程下游技术［M］．北京：科学出版社，2013．

［2］刘冬．生物分离技术［M］．北京：高等教育出版社，2007．

［3］孙彦．生物分离工程（第二版）［M］．北京：化学工业出版社，2007．

［4］储炬，李友荣．现代生物工艺学［M］．上海：华东理工大学出版社，2007．

［5］王玉亭．生物反应及制药单元操作技术［M］．北京：中国轻工业出版社，2014．

［6］邱玉华．生物分离与纯化技术［M］．北京：化学工业出版社，2011．

［7］姜淑荣．啤酒生产技术［M］．北京：化学工业出版社，2012．

［8］黄亚东．啤酒生产技术［M］．北京：中国轻工业出版社，2014．

［9］欧阳平凯，胡永红．生物分离原理及技术［M］．北京：化学工业出版社，1999．

［10］沈同，王镜岩．生物化学（第 2 版）［M］．北京：高等教育出版社，1990．

［11］赵永芳．生物化学技术原理及其应用（第 2 版）［M］．武汉：武汉大学出版社，1994．

［12］汪家政，范明．蛋白质技术手册［M］．北京：科学出版社，2000．

［13］吴梧桐．生物制药工艺学（第二版）［M］．北京：中国医药科技出版社，2013．

［14］辛秀兰．生物分离与纯化技术［M］．北京：科学出版社，2005．

［15］李万才．生物分离技术［M］．北京：中国轻工业出版社，2014．

［16］崔春芳，童忠良．干燥新技术及应用［M］．北京：化学工业出版社，2009．

［17］李津．生物制药设备和分离纯化技术［M］．北京：化学工业出版社，2002．

［18］时钧，袁权，高从增．膜技术手册［M］．北京：化学工业出版社，2001．

［19］刘茉娥．膜分离技术［M］．北京：化学工业出版社，1999．

［20］黄仲涛，曾昭槐．无机膜技术及其应用［M］．北京：中国石化出版

社，1999.

[21] 刘茉娥. 膜分离技术应用手册 [M]. 北京：化学工业出版社，2001.

[22] 潘永康，王喜忠，刘相东. 现代干燥技术（第二版）[M]. 北京：化学工业出版社，2007.